MÉMOIRE

SUR LES

MINES D'OR DE GONDO

PARIS
IMPRIMERIE CHAIX
IMPRIMERIE ET LIBRAIRIE CENTRALES DES CHEMINS DE FER
SOCIÉTÉ ANONYME
Rue Bergère, 20, près du boulevard Montmartre
1882

MÉMOIRE

SUR LES

MINES D'OR DE GONDO

PARIS
IMPRIMERIE CHAIX
IMPRIMERIE ET LIBRAIRIE CENTRALES DES CHEMINS DE FER
SOCIÉTÉ ANONYME
Rue Bergère, 20, près du boulevard Montmartre
1882

MÉMOIRE

SUR LES

MINES D'OR DE GONDO

PRÉAMBULE

Un de mes amis voulant reprendre l'exploitation des mines d'or de Gondo, abandonnée depuis la découverte des mines de la Californie, me pria, il y a quelque temps, d'aller prendre sur place tous les renseignements nécessaires à un plan général d'installation devant donner l'exploitation la plus économique du gisement.

Par l'observation des lieux j'avais donc à déterminer :

1° Le meilleur emplacement de l'usine proprement dite où devront se traiter les minerais, par rapport à la configuration générale du sol, et par rapport au point d'attaque des filons ;

2° Le mode de transport des minerais à l'usine étant donnés et l'emplacement de cette usine et le point d'attaque des filons ;

3° Le point où la dérivation du cours d'eau, destiné à fournir la force motrice à l'usine métallurgique, sera la plus facile à effectuer, tout en ayant en vue d'obtenir la plus grande chute possible et le meilleur tracé du canal de dérivation ;

4° Le point où devra être placé le moteur hydraulique, par

rapport à l'usine en vue d'une transmission facile de la force motrice, et par rapport au canal de dérivation, en vue d'obtenir la plus courte estacade possible pour amener l'eau sur le moteur ;

5° Enfin l'emplacement des dépendances de l'exploitation, telles que maison d'ingénieur et logements d'ouvriers.

Déjà, avant moi, plusieurs ingénieurs avaient visité le gisement aurifère de Gondo. Ce sont : MM. Gerlach, qui avait été chargé de l'exécution d'une carte géologique du canton du Valais ; Burthe et Manthès, qui tous deux ingénieurs civils des mines de Gondo, ont été chargés à des époques différentes d'étudier les mines; enfin Dean, ingénieur anglais, qui a dirigé pendant plusieurs années des exploitations aurifères situées près de Gondo, sur le versant italien des Alpes.

L'étude de M. Gerlach sur Gondo a été nécessairement faite à un point de vue géologique général. Celles de MM. Burthe, Dean et Manthès n'ont porté que sur le gisement aurifère lui-même, les anciens travaux, la direction des filons, leur exploitation intérieure, mais non pas sur l'installation générale métallurgique. La mission dont j'étais chargé comportant un point de vue beaucoup plus général et l'installation métallurgique dépendant jusqu'à un certain point, du mode d'exploitation des filons, de la dispersion ou de la centralisation des points d'attaque, et par conséquent de la situation de la descenderie des minerais par rapport à l'usine, j'ai été forcément amené à contrôler les travaux spéciaux de mes devanciers.

Au surplus, ils ne sont pas d'accord entre eux sur les différents systèmes de filons que comporte la concession de Gondo, ni sur le mode d'attaque à adopter. Et comme, forcément placé à un point de vue plus général, je crois être arrivé, par un examen d'ensemble, à pénétrer peut-être le vrai sens géogénique du gisement, j'ai pensé qu'il pouvait être intéressant de réunir dans le présent mémoire l'ensemble de mes observations.

PREMIÈRE PARTIE

Avant de donner mes propres observations, afin de réunir dans un travail d'ensemble toutes les observations auxquelles a donné lieu le gisement aurifère de Gondo, et aussi pour l'intelligence plus complète de celles qui me sont propres, j'ai pensé qu'il était bon d'analyser succinctement les travaux de mes devanciers.

Ce sera là l'objet de la première partie de mon mémoire dans laquelle j'observerai, bien entendu, l'ordre chronologique.

NOTE DE M. GERLACH

Les mines de Gondo, suivant M. Gerlach, auraient été exploitées dans le moyen âge, voire même par les Romains. Un ancien puits que l'on voit encore dans une caverne naturelle creusée dans un glacier élevé, porte le nom de *Puits romain*.

Aussi, dès avant M. Gerlach, les mines de Gondo sont-elles signalées par M. Murish, chanoine du Saint-Bernard, dans son *Guide du Botaniste en Valais ;* par M. Gueymard, ingénieur des mines Et si de Saussure, dans son *Voyage dans les Alpes*, ne parle que de celles de Macugnana, qui en sont voisines, c'est que peut-être il avait saisi le rapport intime qui existe, comme nous le ferons voir, entre le gisement de Macugnana et celui de Gondo.

Quoi qu'il en soit, M. Murish comme M. Gueymard, ne consacre que quelques mots aux mines de Gondo. La note de M. Gerlach, dans le texte qui accompagne sa Carte géologique du Valais, est elle-même fort courte ; et je ne la rappellerais ici que pour mémoire, comme l'ont fait mes devanciers, pour lui, ainsi que pour MM. Murish et Gueymard, s'il n'y avait indiqué avec précision le point sur lequel, suivant lui, doivent porter les travaux futurs, point qui, à mes yeux aussi, est le point capital du gisement de Gondo.

Après avoir constaté, comme le feront plus tard MM. Dean, Burthe et Manthès, que l'exploitation des mines de Gondo a été jusqu'ici assez irrégulière, et que cependant, elle a donné un bon profit, il ajoute que c'est la galerie principale dite Maffioli qui lui semble promettre le plus.

On verra par la suite toute l'importance qu'a pour moi ce point du gisement de Gondo, et il est à penser que le fermier Maffioli l'avait lui-même bien comprise. Car, lorsque le baron Stokalper, propriétaire de la mine, voulut augmenter son fermage, probablement à la suite du travail de M. Gerlach, et quand, par suite de circonstances qu'il est inutile de rappeler ici, il fut forcé de quitter le pays, il eut bien soin de faire sauter à la poudre le puits situé dans cette même galerie dite Maffioli d'où il tirait la majeure partie de son minerai.

RAPPORT ET NOTE DE M. BURTHE

Les travaux de M. Burthe sur les mines de Gondo datent de 1874. Ils consistent en un rapport principal accompagné d'un rapport supplémentaire donnant le résultat des analyses faites sur les différents échantillons recueillis par lui ; ainsi qu'en une note théorique qui a paru dans les annales des mines en 1875, intitulée : *Note sur les fractures qui ont présidé à la formation des filons aurifères de Gondo et sur les relations géométriques qui définissent leur structure.*

Le rapport de M. Burthe débute par une description très bien faite de la situation géographique de la mine et de la vallée du Zchwishbergen. Puis, après avoir énuméré les documents antérieurs relatifs à Gondo, que nous avons signalés plus haut, il passe à l'historique des anciens travaux d'exploitation.

Comme tous les ingénieurs qui ont visité Gondo, il constate la déplorable exploitation des anciens concessionnaires. « Les anciens concessionnaires, dit-il, ne savaient même pas suivre une veine », mais il ne détermine pas, comme le fit plus tard M. Manthès, le fait géogénique important qui a pu les induire en erreur. « Presque tous les anciens travaux, ajoute-t-il, sont en mauvais état, certaines galeries sont inaccessibles à cause de leur hauteur dans la montagne. »

La préoccupation constante chez les anciens concessionnaires de dissimuler leurs bénéfices explique seule ces attaques de travaux à de pareilles hauteurs, où certes les propriétaires de la mine se souciaient peu d'aller voir, puisque à l'heure présente, les anciens mineurs eux-mêmes regardent à y aller, préférant ainsi exploiter par des puits, qu'il était en tout cas facile de dissimuler par des boisages, lorsqu'ils rencontraient une colonne riche dans le filon.

On ne peut tirer, dit M. Burthe, de pareils travaux qu'une connaissance incomplète des filons.

Il donne ensuite une description de la roche encaissante formée de gneiss et en décrit les différentes variétés que l'on rencontre dans la vallée du Zwishbergen. Mais ce que je tiens à retenir de son aperçu géologique, pour en tirer plus tard conséquence, c'est qu'il constate que ces gneiss forment des bancs plongeant sous la montagne, vers le S.-E., sous des angles de 38° à 40°.

Entre ces gneiss on remarque, dit-il, des micashites qui accompagnent les gneiss en pendage et en direction.

Il constate ensuite un point sur lequel j'appelle particulièrement l'attention, c'est l'existence au fond de la vallée du Zchwishbergen, d'un grand lambeau de calcaire cristallin, qui la traverse au pied du Camozellhorn et qui plonge nettement vers le S. comme les gneiss. Il termine enfin en disant que les gneiss se retrouvent au nord de la route du Simplon et y sont traversés par des fentes qui paraissent, dit-il, le prolongement des filons de Gondo ; mais que deux galeries ouvertes autrefois sur deux de ces fentes, n'ont développé aucune richesse. M. Burthe attribue ce fait à une légère modification dans la contexture et la dureté du gneiss. On verra plus tard que, selon moi, il est la conséquence du fait géogénique capital qui a donné naissance à la fracture dans laquelle passe la route du Simplon.

Passant ensuite à l'étude des filons, il signale les différentes directions que l'on relève à Gondo, directions parmi lesquelles nous remarquons une direction E. 4. N. sur laquelle nous appelons l'attention ; mais, reconnaissant que les travaux anciens ont porté surtout sur deux directions, celle N. 20 O. et celle N. 35 O., et que ces deux directions renferment les filons les plus riches, il s'attache particulièrement à leur description. Nous remarquerons qu'il constate que ces deux directions se confondent souvent, ou passent de l'une à l'autre par des directions intermédiaires telles, par exemple, que celle de N. 28 O. et donne à ces deux systèmes et filons un pendage vers l'ouest ; mais il doit évidemment y avoir là erreur de sa part, puisqu'il reconnaît en même temps qu'on y trouve une colonne verticale dont la hauteur est inconnue et dont le pendage se fait légèrement vers le S. ce qui est, selon moi, la vérité. En tous cas, il constate que ces filons sont très raides, ce qui concorde parfaitement avec leur richesse, comme l'a observé M. Moissenet. Étudiant ensuite les directions E. 35 N. et E. 40 N., directions sur lesquelles je fais des réserves, il reconnaît que les filons de ces directions pendent vers le S. sous un angle très raide, et sont en plusieurs endroits traversés par des filons dont la direction se rapproche de celle indiquée plus haut E. 4. N.

M. Burthe donne ensuite un état des anciens travaux autant que le permet leur degré d'accessibilité, puis estimant par analogie la teneur probable des minerais de Gondo, il conclut à une teneur variant entre 17 g. et 25 g. auxquels il donne une valeur de 3.40 ; soit en francs une valeur de 58 à 80 francs par tonne.

En résumé, dit M. Burthe, les filons de Gondo appartiennent à deux systèmes caractérisés par des allures et des minerais différents. Nous verrons plus loin que M. Manthès fait des réserves à ce sujet. Puis, déclarant que les travaux anciens sont en tel mauvais état que l'on ne peut reconnaître avec exactitude ni les allures d'un seul filon ni les limites d'un champ d'exploitation ajoutant même qu'*il n'y a pas de minerai en vue, prêt à abattre*, il conclut qu'il n'y a pas lieu à exploitation immédiate, mais seulement à des travaux de recherches destinés à déterminer le champ d'exploitation future ; le gîte de Gondo étant digne, dit-il, de la plus sérieuse attention.

Dans la seconde partie de son rapport, M. Burthe essaye d'établir les conditions économiques de l'exploitation future ; et partant d'un abatage de 30 à 50 tonnes seulement de minerai par an et par mineur, d'un prix de revient de la tonne s'élevant, seulement pour les frais spéciaux sans aucuns frais généraux, à 50 francs, calculant, d'autre part le gramme d'or à 3 fr. 40 c., soit le rendement de la tonne de 60 à 80 francs, il conclut à l'emploi de 200 mineurs et, par suite, à la nécessité de travaux préparatoires, qui, suivant lui, dureront deux ans et coûteront environ 200,000 francs, afin d'arriver à déterminer un champ d'exploitation suffisant pour l'emploi d'un pareil nombre d'ouvriers.

On voit qu'il suffirait que l'or retombât au cours de 3 francs le gramme, cours qu'il a eu pendant longtemps, pour que, d'après le prix de revient que M. Burthe adopte, l'exploitation des mines de Gondo devienne impossible, à quelque atténuation des frais généraux que l'on arrive par un développement de l'exploitation. Et je ne puis admettre que, si les conditions sont telles, on dépense 200.000 francs en travaux de recherche, quel que soit l'intérêt que M. Burthe accorde au gisement d'or. Lui-même reconnaît que les Mines de Morro Velho au Brésil ont donné de gros profits avec une teneur de 15 grammes seulement, ce qui prouve bien que le prix de revient de la tonne de minerai ne pouvait y être de 50 francs. On peut donc conclure avec lui que le gîte de Gondo mérite tout intérêt, sans admettre cependant qu'il soit nécessaire d'y développer une exploitation sur un champ aussi considérable qu'il le prévoit et avec un chiffre de 200 mineurs. On verra plus loin que ce sont là les conclusions de M. Dean.

— Dans un rapport supplémentaire M. Burthe donne le résultat des analyses faites sur les minerais de Gondo par M. Rioult d'une part, par le Bureau d'essais de l'École des Mines d'autre part. Il résulte d'une lettre de M. Rioult que certains échantillons se sont trouvés trop petits pour qu'on puisse y doser l'or, on ne peut donc accorder une confiance absolue aux résultats de ces analyses. Ces résulats donnent cependant une teneur supérieure à celle sur laquelle M. Burthe avait établi précédemment tous ses calculs; mais considérant que certains échantillons n'ont donné qu'une teneur de 5 à 10 grammes, il maintient le prix de 70 francs, comme étant celui de la valeur moyenne de la tonne de minerai, ce qui ne justifie pas, selon moi, le conseil de procéder à des travaux de recherche devant coûter 200,000 francs, étant donné le prix de revient qu'il adopte pour la tonne de minerai.

On remarquera que M. Burthe, dans l'ensemble de son travail, ne tient aucun compte de la teneur en cuivre et en argent des minerais de Gondo. Nous verrons plus loin que M. Manthès propose d'en tirer parti au point de vue de ces deux métaux; nous verrons aussi le parti différent que je suis d'avis d'en tirer, grâce à une préparation mécanique particulière.

— Dans la Note sur les fractures de Gondo, publiée dans les *Annales des Mines* en 1875, M. Burthe accentue plus qu'il ne l'a fait dans son rapport, le caractère de stratification des gneiss encaissant les filons. Les gneiss, dit-il, forment des *bancs bien nets*. Mais contrairement à M. Manthès et à M. Dean, comme nous le verrons plus loin, il ajoute que ces bancs sont peu puissants. Ces bans, dit-il, plongent régulièrement vers le sud et sont orientés E. 40 N. Cette orientation, qu'il rapporte au système de la Côte-d'Or, tout en faisant des réserves à ce sujet, n'est pas, selon moi, la véritable orientation. Je crois que si M. Burthe s'était reporté à la carte, il en aurait donné une autre que nous établirons plus tard.

Puis reproduisant les directions de filons rapportées par lui dans son rapport, directions que l'on relève, dit-il, facilement sur le terrain, et bien qu'il ait affirmé que l'état des anciens travaux ne permet pas de reconnaître avec exactitude l'allure des filons, il essaye de rapporter ces différentes directions à celles d'une série de systèmes tirés du Réseau pentagonal et rapportés par lui au mont Pioltone, situé dans le voisinage. Je remarquerai que dans le tableau de ces différents systèmes donné par M. Burthe, non seulement il y comprend des systèmes qui ne passent pas la contrée qui nous occupe, ni même dans le secteur pentagonal D A‴ T″ dans lequel se trouvent situées les Alpes Pennines; mais encore il n'y comprend pas le système de la Nouvelle-Zemble, qui passe à très petite distance de Gondo. Or, à mon sens, ce n'est pas laisser au Réseau pentagonal toute sa valeur pratique que de croire que tous les systèmes qu'il comporte peuvent s'appliquer à un point quelconque du globe. Le Réseau pentagonal n'aurait véritablement plus aucun sens si le caractère de ses différents systèmes n'était essentiellement local, surtout quand on considère les cercles auxiliaires. C'est là pour moi une conviction profonde à laquelle m'a amené une étude prolongée sur l'application du Réseau pentagonal. Et il est si vrai que les systèmes du Réseau ont un sens essentiellement local, que M. Burthe lui-même, malgré le grand nombre de cercles donné par lui pour arriver à leur rapporter les directions observées à Gondo, est amené par la force des choses à n'en considérer que deux principaux, qui ont précisément un caractère essentiellement local. Ce sont les cercles du mont Viso et du Tatra qui sont bien des cercles que j'appellerai locaux par rapport aux Alpes.

Une remarque géogénique de M. Burthe mérite qu'on s'y arrête, c'est celle par laquelle il s'étonne de l'absence sur le sol de Gondo de fractures pouvant se rapporter au système des Alpes Occidentales. Nous expliquerons plus loin, toujours en donnant aux cercles du réseau un sens local, comment il se fait qu'en réalité le système des Alpes Occidentales ne peut se retrouver à Gondo.

Reconnaissant que les filons, orientés suivant la direction du Mont Viso, sont les plus riches, c'est sur eux que M. Burthe fait porter principalement son étude. Mais je ne pense pas comme lui que ces filons pendent vers l'O. : lui-même d'ailleurs reconnaît que les richesses normales y sont contenues dans des colonnes plongeant vers le S.

Je serais porté à croire que dans cette partie de son travail il á rapporté au système du mont Serrat, dont la direction, dit-il, diffère peu de celle du système du Mont Viso, les filons accessoires qu'il aurait ainsi entrevus et dont M. Manthès a très bien expliqué la formation. Ce qui me confirme dans cette opinion, c'est qu'il reconnaît que les plans de ces veines sont à peine écartés de 1 à 2 mètres, c'est aussi la description qu'il donne de la projection horizontale des galeries, qui dessinent, dit-il, une série continue de parallélogrammes, les mineurs ayant été amenés à abattre toute la roche intercalée entre le toit du filon qui surplombe et le mur du filon surplombé, traitant ainsi les deux filons juxtaposés comme un seul.

C'est là évidemment ce qui rend l'observation des allures des filons de Gondo si difficile à bien observer dans les anciens travaux ; ce sont aussi ces filons accessoires qui ont pu induire souvent en erreur les anciens mineurs.

Les filons orientés suivant le système du Mont Viso étant à la fois les plus riches et les plus raides, M. Burthe fait voir que la loi d'enrichissement des filons dans les parties les plus raides, observée par M. Moissenet au Cornwal, se vérifie à Gondo; mais des diverses directions observées il ne tire aucune conséquence sur la constitution Géogénique du sol considéré dans son ensemble.

RAPPORT DE M. DEAN

Ce rapport porte la date du 27 janvier 1875.

M. Dean, se fondant sur une expérience de quarante années dans les travaux de mines d'or et plus particulièment sur celle de trois années employées à la direction des mines voisines de Pestarena et d'Antrona, commence son rapport par affirmer qu'il n'y a pas, sur le versant méridional des Alpes, de mines d'or plus favorablement situées que celles de Gondo pour une exploitation étendue et économique. Les filons y sont, dit-il, riches et nombreux et de plus situés de telle sorte qu'on peut les exploiter à une grande profondeur. Ce qui, par parenthèse, indique que suivant M. Dean, et contrairement à M. Burthe, le gisement de Gondo est puissant; c'est aussi l'avis de M. Manthès.

Tout le rapport de M. Dean est le développement de cette affirmation première et sa justification. Voulant réunir tous les documents en sa possession relativement à Gondo, il commence par reproduire textuellement, ou à peu près, les parties du rapport de M. Burthe relatives à la situation géographique, à l'historique des documents antérieurs, à l'aperçu géologique, à l'étude de filons et failles, à leur allure générale, et enfin à l'état actuel des travaux. Je n'ai donc pas à revenir sur les observations que j'ai faites sur ces différentes parties du rapport de M. Burthe, me contentant de faire observer que de ces mêmes parties M. Dean conclut tout différemment que M. Burthe.

Après avoir, en effet, reconnu avec M. Burthe que la roche encaissante est formée de bancs de gneiss plongeant vers le sud, après avoir aussi reconnu l'existence d'un lambeau de calcaire cristallin dans le haut de la vallée du Zwischbergen, après s'être approprié la description des anciens travaux donnée par M. Burthe, tandis que ce dernier conclut à ce qu'il n'y a pas lieu à une reprise immédiate de l'exploitation, mais seulement à des travaux de recherche, M. Dean de son côté conclut ainsi : « *En résumé les travaux existants, présentant un réel intérêt, démontrent bien l'existence des minerais, quoi qu'ils aient été souvent mal engagés. Beaucoup d'entre eux, ajoute-t-il, pourront être utilisés et permettre une plus prompte reprise de l'exploitation.* »

Le dire de M. Dean sur ce sujet a une importance d'autant plus grande qu'il déclare avoir visité Gondo dès 1867 et par conséquent en acquérir une connaissance assez approfondie.

De 14 essais, corrélatifs deux à deux, faits par deux chimistes différents, et prenant la moyenne de ces 7 essais doubles, M. Dean établit une teneur moyenne de 72 grammes d'or par tonne pour les minerais de Gondo ; mais bien que ces 7 essais portent sur des échantillons pris dans différentes galeries, rejetant, pour plus de sécurité, le plus favorable de ces essais, tout en conservant le moins favorable, il fait voir que malgré cela, on obtient encore une teneur de 44 grammes d'or par tonne de minerai ; et finalement, pour sécurité complète, il adopte le chiffre de 30 grammes comme représentant le rendement pratiquement possible des minerais de Gondo. Puis, au point de vue de la quantité probable de minerai que l'on pourra extraire, il ajoute qu'indépendamment des filons déjà reconnus dans les situations élevées des mines, et dont, contrairement à M. Burthe, on peut, dit-il, tirer un bon parti, il existe un système secondaire de filons argileux non aurifères qui traversent les premiers, et qu'à l'intersection des deux systèmes il se trouve des amas richement aurifères. Le puits Maffioli, dont nous avons déjà parlé, se trouve précisément sur l'un de ces amas. C'est là, ajoute-t-il, un fait très important pour l'avenir des mines de Gondo, car en creusant des galeries plus profondes on doit trouver de nouveaux champs de riche minerai dans une situation bien connue.

On voit de plus en plus qu'aux yeux de M. Dean le gisement de Gondo est loin d'offrir les incertitudes signalées par M. Burthe.

Passant à l'étude des nouveaux travaux à faire, et se fondant sur l'irrégularité des anciens, M. Dean ne conseille pas de les prendre pour base de l'exploitation future. Bien qu'il ait dit plus haut, et j'appelle encore l'attention sur ce point, qu'ils pouvaient être utilisés dans une reprise immédiate de l'exploitation, ils n'ont de valeur, dit-il, que pour montrer la qualité très productive des filons et donner l'assurance que l'on trouvera en profondeur des dépôts également riches. Finalement, pour développer un champ d'exploitation pouvant donner 12,000 tonnes par an, chiffre que l'on pourrait atteindre en trois années, il conseille l'exécution de deux travers bancs, l'un de 300 mètres environ, l'autre de 250.

M. Manthès est d'un avis tout opposé; pour le moment, je me contenterai de faire remarquer que la proposition de M. Dean d'exécuter deux travers bancs, indique nettement dans son esprit, bien qu'il ne le dise pas expressément, que le gisement est formé de deux systèmes de filons bien distincts; mais je ferai voir que l'exploitation peut s'en faire, sans qu'il soit besoin d'exécuter des travers bancs très coûteux, qui n'auraient de raison d'être que si l'on veut pousser l'exploitation jusqu'à 12,000 tonnes, chiffre qu'il est inutile d'atteindre pour réaliser à Gondo de beaux bénéfices, étant donnée la teneur du minerai en or; et encore suis-je persuadé que l'exploitation pourra se développer dans l'avenir sans avoir recours à ces travers bancs, ainsi que je l'indiquerai plus loin.

Après avoir insisté sur l'importance que donne à la mine l'énorme force hydraulique dont on y dispose et qui, permettant l'emploi de machines à forer, réalisera une grande économie de temps dans l'exécution des travaux, M. Dean propose pour le transport des minerais à l'usine, l'exécution de voies ferrées et de plans inclinés qui permettront de les amener aux moulins à moins d'un franc par tonne.

Pour le traitement du minerai, l'or se trouvant à Gondo enfermé dans une matrice de quartz ou de pyrite, et rarement visible même au miscroscope, il rejette avec raison l'emploi du bocard et propose celui de concasseurs destinés à amener le minerai à la grosseur voulue pour être passé dans des moulins à amalgame. Le coût du traitement, en y comprenant la perte du mercure, l'usure des machines et la préparation préliminaire des minerais, n'excèderait pas, selon lui, 10 francs par tonne.

En somme, pour une exploitation s'élevant à 12,000 tonnes par an, M. Dean évalue la dépense totale à faire pour les galeries d'écoulement, l'installation de l'usine et des logements d'ouvriers à la somme de 1,000,000 de francs.

M. Dean termine son rapport en établissant le bilan de l'exploitation future, en partant d'une valeur de 100 francs la tonne, chiffre rond, et d'un prix de revient de 36 francs, tous frais compris, sauf ceux de direction et de bureaux, ce qui donne un bénéfice net de 64 francs par tonne, soit de 59 francs si l'on déduit 5 francs par tonne pour frais généraux évalués à 60,000 francs.

A la fin de son rapport, M. Dean signale la présence de l'argent dans les minerais de Gondo, sous forme de sulfure, qui ne se décompose pas au contact du mercure, ce qui permet la séparation exacte de l'or. Mais il n'affirme pas que l'argent soit assez abondant pour faire l'objet d'un traitement spécial. M. Manthès propose de tenir compte non seulement de l'argent, mais encore du cuivre contenu dans les minerais. Si je ne suis pas de son avis quant au traitement qu'il propose, on verra plus loin le parti que, selon moi, on peut en tirer.

On remarquera qu'au point de vue de l'installation générale, M. Dean ne donne dans son rapport ni la situation réciproque de l'usine et des points d'attaque des travers bancs qu'il recommande d'exécuter, ni le point où doit être prise l'eau dont la chute doit actionner l'usine.

NOTES DE M. MANTHÈS

M. Manthès a donné deux notes sur le gisement de Gondo ; la première est datée d'août 1876, la seconde d'octobre de la même année ; elle n'est que le développement et le complément de la première.

Ces deux notes de M. Manthès sont importantes, car, à mon sens, tant par ses réserves sur les travaux de M. Burthe et de M. Dean que par ses propres affirmations, c'est lui qui a le mieux jugé le gisement de Gondo.

Dans sa première note, tout en déclarant qu'il adopte les conclusions de M. Burthe, il n'en fait pas moins de suite une réserve importante sur la classification des filons riches, proposée par lui suivant deux systèmes, l'un N. O. 20. O., l'autre N. 35 O. Car, dit-il, la direction que j'ai rencontrée le plus souvent dans ces filons riches, est celle N. 28. O., qui se rapporte aussi bien à l'un des systèmes qu'à l'autre.

Or, je ferai remarquer pour en tirer plus tard conséquence, que c'est là exactement la direction du Cercle du Mont Viso.

En général, ajoute M. Manthès, les filons se composent à Gondo d'une série de veines qui marchent parallèlement à une petite distance et s'écartent quelquefois pour venir encore se rapprocher, en sorte que la direction moyenne du filon doit se prendre sur une longueur suffisamment grande et non pas sur un petit élément.

C'est évidemment cette disposition des filons accessoires par rapport au filon principal qui a dû induire en erreur les anciens exploitants en les amenant à suivre souvent le filon accessoire et intermittent, au lieu du filon principal, et donner à leurs travaux ce caractère d'irrégularité que tout le monde a constaté. C'est cette même disposition que M. Burthe a probablement pressentie quand il reconnait que les filons forment une série de cannelures et, en projection, sont composés d'une suite continue d'éléments parallélogrammiques.

M. Manthès ne se contente pas de signaler cette disposition des filons de Gondo, il en donne l'explication Géogénique, tirée de la disposition même de la roche encaissante, et le premier, après avoir dit que les gneiss encaissants sont disposés en *bancs*, il ajoute, *assez nettement stratifiés*.

« Au moment, dit-il, où les cassures des veines principales se sont produites, il s'est fait aussi, presque normalement aux strates, des cassures secondaires qui, plus tard, se sont minéralisées ainsi que les joints de stratification. »

Cette disposition normale aux strates des filons accessoires explique les différences de pendage que M. Burthe a cru observer dans un même filon.

« En résumé, poursuit-il, concluant ainsi tout au contraire de M. Burthe, les lois générales du gisement sont encore imparfaitement connues et demandent à être étudiées d'une manière suivie sur les cassures fraîches. *Mais un fait hors de doute* et d'une importance décisive est la *continuité des filons en profondeur et en direction. A priori*, des terrains *puissants et réguliers*, comme les *gneiss* de Gondo, doivent s'être rompus suivant des cassures *profondes* et d'une certaine *longueur*. Quant à la *minéralisation* aux différents niveaux, elle est *assurée*, puisque l'on trouve de la pyrite aurifère au niveau du torrent du Zwischbergen et aux sommets de la Camozetta. »

J'appelle ici tout particulièrement l'attention sur ce caractère de puissance et de régularité, que M. Manthès reconnaît au gneiss de Gondo, sur ses conclusions contraires à celles de M. Burthe, sur la richesse évidente du gisement, sans qu'il y ait besoin de procéder à des travaux de recherche. Sur ce point, M. Manthès se trouve d'accord avec M. Dean.

Mais il se sépare, avec raison, de M. Dean sur la question de la reprise des travaux. Reconnaissant qu'à l'heure actuelle on connaît plusieurs filons qui sont *bien minéralisés*, ce en quoi il se sépare encore davantage de M. Burthe, il croit qu'il suffit de reprendre les anciens chantiers qui ont donné du minerai ; tandis que, dit-il, des travaux qui auraient pour but de recouper immédiatement tous les filons seraient fort coûteux et ne donneraient pas beaucoup plus d'indications que les anciens.

M. Manthès donne alors le détail des travaux qu'il conseille de faire sur les filons la *Confiance*, *Maffioli* et la *Camozetta*, en vue de la reprise immédiate des travaux.

Examinant ensuite la question du transport des minerais à l'usine, il repousse le système des plans inclinés et des chemins de fer proposés par M. Dean, ces travaux devant, dit-il, être trop coûteux : seule la solution du transport par des chemins aériens permettant de franchir les différences de niveau si considérables qu'offre le pays. Grâce à des chemins aériens, le transport de la tonne variera suivant l'altitude de 0,75 à 3 francs, et donnera une économie de 14 francs par tonne sur le transport à dos d'homme, tel que le pratiquaient les anciens exploitants, par de véritables sentiers de chèvres, presque impraticables.

Quant au traitement, M. Manthès conseille de s'en tenir aux procédés ordinaires, et indique l'emplacement où devra être placée l'usine, le torrent du Zwichbergen devant donner toute la force motrice nécessaire et au delà.

Enfin, il relate les points sur lesquels il a fait la prise des 15 caisses d'échantillons qu'il a rapportés de Gondo.

Je ferai remarquer, que M. Manthès conseille la reprise pure et simple de l'exploitation de chacun des filons séparément, sans donner un plan d'ensemble d'exploitation générale.

— Dans sa deuxième note, M. Manthès, après avoir donné succinctement la situation géographique de Gondo et passant à un aperçu géologique, signale la présence d'une éruption de serpentine dans les environs et rapporte la formation des filons de Gondo à l'arrivée de la serpentine. A mon sens, M. Manthès est ici dans le vrai, comme je le ferai voir par l'étude géogénique de la structure générale des Alpes Pennines.

Il reproduit ensuite ses premières réserves sur les directions des filons, sauf en ce qui touche, qu'on le remarque bien, la direction évidente du cercle du Mont Viso. Il décrit à nouveau l'allure des filons accessoires par rapport au filon principal, la difficulté que cette disposition offre à une observation précise des allures de ce filon principal, et reproduit l'explication géogénique, déjà donnée par lui, de cette disposition, en se fondant sur le caractère nettement stratifié des gneiss encaissants. Il reconnaît ensuite que la loi d'enrichissement observée par M. Moissenet au Cornwal, se vérifie à Gondo, où les parties les plus riches correspondent aussi aux pentes les plus raides. Enfin, il termine son aperçu géologique en affirmant à nouveau la richesse des filons de Gondo en profondeur et en direction, se fondant encore sur la puissance et la régularité des gneiss encaissants : car, dit-il, on trouve du minerai sur plus de 600 mètres de haut.

Passant ensuite à l'étude de la qualité du minerai de Gondo M. Manthès y signale la présence de l'argent jusqu'à une teneur de 100 grammes par tonne et contenu dans le minerai à un état de sulfure qui lui permet heureusement de ne pas s'amalgamer avec l'or dans le traitement métallurgique. D'après diverses analyses de M. Rioult, il conclut à une teneur en or de 20 grammes seulement à la tonne, tout en faisant remarquer que les échantillons ont été pris dans les travaux anciens et que probablement les anciens exploitants ne se sont pas arrêtés dans les parties riches, ce qui lui permet d'admettre que la moyenne de l'exploitation donnera environ la teneur de 20 grammes par tonne.

Je ferai remarquer que les analyses rapportées par M. Manthès ne portent que sur les échantillons de la Camozetta et non sur tous ceux qu'il a rapportés, notamment sur ceux de la galerie Baglioni, et en tous cas ne portent pas sur une série d'échantillons aussi complète que celle de M. Dean.

Après avoir signalé à nouveau l'exploitation irrationnelle des anciens fermiers, conseillant cependant la reprise immédiate des travaux sur ceux des anciens, sans procéder à de nouvelles recherches, comme le conseille M. Burthe, il est d'avis qu'ils doivent porter sur les filons de la Camozetta et, remarquons-le, sur celui de Maffioli, qu'il recommande d'attaquer par des galeries d'allongement espacées en hauteur de 20 mètres en 20 mètres et reliées entre elles par des cheminées de manière à préparer un champ de dépilage.

Quant aux travers bancs proposés par M. Dean, il les repousse absolument comme trop coûteux, de même que les plans inclinés, la solution naturelle dans un pays aussi accidenté étant celle des chemins aériens.

M. Manthès conseille l'emploi des moulins à amalgame, proposés par M. Dean adoptant aussi le chiffre indiqué par ce dernier pour le coût du traitement métallurgique, soit 10 francs par tonne de minerai, avec une perte de 10 à 15 pour cent sur l'or contenu. Il propose de faire précéder le broyage mécanique d'un cassage à la main ; ce travail manuel me paraît inutile puisque l'on a à sa disposition une force hydraulique presque indéfinie.

Établissant ensuite quel doit être le prix de revient probable de la tonne de minerai à Gondo, partant du prix de 28 francs, coût de l'abatage du mètre cube dans les mines de Vialas, et supposant, pour plus de sécurité que ce prix s'élèvera à 32 francs à Gondo, il en déduit, étant donnée une densité de 2,75, un prix de revient d'abatage de 11 fr. 63 c. par tonne.

Le coût de la descente du minerai est évalué par lui en moyenne à 1 fr. 87 c.

Tenant compte de la perte en mercure qu'il évalue à 200 grammes par tonne, M. Manthès accepte le prix de 10 francs comme coût du traitement métallurgique de la tonne de minerai.

Admettant une exploitation annuelle de 15,000 tonnes et estimant à 60,000 francs les frais généraux probables, il arrive ainsi à un chiffre de 4 francs par tonne, représentant la dépense en frais généraux.

Quant à l'amortissement du capital, M. Manthès estimant que l'installation de l'exploitation nouvelle devra coûter en tout une somme de 300,000 francs à laquelle il ajoute 50,000 francs pour fonds de roulement et 150,000 francs pour achat des mines, etc., soit en tout 300,000 francs, il arrive ainsi à un chiffre de 3 fr. 33 c. par tonne représentant l'amortissement du capital.

Les fournitures diverses étant estimées à 1 franc par tonne, soit une somme totale de 31 fr. 83 c. comme prix de revient de la tonne de minerai, chiffre auquel il ajoute, pour toute sûreté 1 fr. 50 c. pour dépenses imprévues, il arrive en dernière analyse, à un prix de revient de 38 fr. 19 c., tous frais compris.

De ce prix de revient et en tenant compte de la perte en or dans le traitement métallurgique qu'il évalue à 15 pour cent, M. Manthès en déduit, étant donné le prix du gramme d'or à 3 fr. 40 c. que la teneur *minima* à laquelle on peut exploiter à Gondo, en couvrant ses frais, est de 13,21 grammes. Or, ajoute-t-il, la richesse aurifère des mines de Gondo est bien supérieure à cette teneur.

Il termine sa note en faisant remarquer que les minerais de Gondo offrant une teneur en argent assez forte, il y a lieu d'essayer d'en tirer parti. Pour cela il propose de se débarrasser du quartz par un lavage, afin de pouvoir procéder ensuite à une fonte pour matte cuivreuse, que l'on vendrait aux usines spéciales qui font la séparation de l'argent et du cuivre. On verra plus loin les réserves que je fais sur ce mode de procéder.

— En 1879, M. Manthès est retourné à Gondo prendre des minerais pour faire en grand une expérience dans les appareils et avec le procédé de M. Dessignole.

Les six cents kilos qu'il rapporta, traités en deux fois par parties de trois cents kilos, ont donné 40 et 44 grammes d'or à la tonne de minerai.

Conclusions de la première partie.

— De l'analyse de ces différents documents et de mon propre examen, je conclus :

1° Qu'il y a du minerai en vue prêt à abattre, d'abord, parce que j'en ai vu, et ensuite parce qu'on a pu en prendre pour les expériences et les analyses ;

2° Que les analyses très concluantes de M. Dean et le traitement par l'appareil Dessignole donnent tous deux une teneur de 40 à 44 grammes d'or à la tonne de minerai; cette concordance dispense de nouvelles expérimentations ;

3° Que les anciens travaux peuvent être utilisés et améliorés pour une exploitation immédiate.

DEUXIÈME PARTIE

Je vais maintenant exposer les idées qui me sont propres sur la constitution du gisement de Gondo, réservant pour la troisième partie tout ce qui a trait à l'installation générale de l'exploitation. Cette deuxième partie, qui sera plus spécialement théorique, traitera de la constitution Géologique et Géogénique du gisement, telle qu'elle résulte des travaux de mes devanciers et de mes propres observations.

Cette deuxième partie sera donc elle-même divisée en trois chapitres :

1° L'étude complémentaire de la situation Géographique du gisement de Gondo;

2° Son étude Géologique;

3° L'étude Géogénique qui rattache le gisement à la Géogénie générale des Alpes Pennines.

I

ÉTUDE GÉOGRAPHIQUE

M. Burthe a donné, comme je l'ai dit, une très bonne description géographique de la vallée du Zwischbergen, et je n'y reviendrais pas, s'il n'avait pas restreint sa description à cette vallée seule et l'avait rattachée à une description géographique générale de la contrée. Comme je vais être amené. per l'étude Géologique et Géogénique du gisement de Gondo à des considérations générales sur les Alpes, et, qu'en somme la conformation purement extérieure d'une région est nécessairement en rapport avec sa constitution Géologique et Géogénique, je pense qu'il est bon de compléter le travail de M. Burthe par une description géographique générale de la contrée.

Bien que située sur le versant méridional des Alpes Pennines, la vallée du Zwischbergen fait partie du canton du Valais, et la frontière qui sépare la Suisse de l'Italie suit exactement les crètes qui la bordent à l'Est. L'axe de cette vallée est sensiblement perpendiculaire à la gorge qui, du village du Simplon, descend jusqu'à Crevola, et le Zwischbergen vient se jeter par des cascades presque à pic, échelonnées sur une hauteur de 200 mètres environ, dans la rivière qui, avec la route dn Simplon, occupe tout l'espace compris entre les deux murailles de rochers qui enserrent cette gorge. En face de cette chute se trouve le poste frontière de Gondo qui forme le hameau principal de la vallée de Zwischbergen, bien qu'à cause du peu de largeur de la gorge, il ne comprenne que six ménages.

La vallée du Zwischbergen a appartenu alternativement tantôt à l'Italie, tantôt à la Suisse, suivant que l'une ou l'autre était en possession de la gorge du Simplon. Pendant le moyen âge les seigneurs de Brieg en Valais dominaient jusqu'à Domo d'Ossola ; d'autre part les comtes de Savoie ont possédé une partie du Valais. Ces alternatives historiques s'expliquent par la configuration du col même du Simplon et par celle des passages qui en descendent du côté de la Suisse et du côté de l'Italie.

Le col même du Simplon forme en effet un plateau assez développé, compris entre le pic du Schönhorn d'une part, et celui du Schienhorn de l'autre, et si placé sur ce plateau, on se tourne vers la Suisse, on voit s'ouvrir largement devant soi la vallée qui descend vers le Rhône ; au fond du paysage se dessine sur une étendue assez considérable le panorama de l'Oberland; tandis que derrière soi on a la gorge étroite, enserrée entre deux murailles de rochers presque à pic, qui descend vers l'Italie.

On comprend facilement que, par suite de cette disposition de l'ensemble de la contrée, celui qui venant d'Italie, possède à la fois et la gorge étroite qui descend vers l'Italie et le plateau même du col du Simplon, peut défendre facilement l'accès de l'Italie et même pénétrer aisément en Suisse. Celui au contrraire qui venant de Suisse possède à la fois le col du Simplon et la gorge en question, qui se resserre surtout à partir du village de Simplon, peut s'étendre jusqu'à Domo d'Ossola et en tous cas défendre l'accès du plateau supérieur.

De notre temps où on en est encore à donner aux nationalités des délimitations prenant dans les formes du sol un caractère défensif plutôt que de contact, tel que l'aurait par exemple le plateau supérieur du Simplon s'il formait la limite entre la Suisse et l'Italie, de notre temps, dis-je, afin d'assurer la neutralité suisse, on a donné à ce pays une partie de la gorge située sur le versant italien. En sorte que, la frontière, au lieu de suivre la crète qui du Mont Rose s'étend jusqu'au Saint-Gothard, en passant un peu au-dessous du village de Simplon, à l'origine même de cette gorge, se détourne un peu pour suivre la crète secondaire qui borde à l'Est, la vallée du Zwischbergen, et se trouve dans sa direction générale parallèle à la crète principale dont nous venons de parler.

Cette crète secondaire constitue, ainsi qu'on va le voir, un point Géogénique remarquable, et il semble qu'on l'ait pressenti en la prenant pour limite entre la Suisse et l'Italie.

De son côté, l'Italie possédant la majeure partie de la gorge qui va du village de Simplon à Crevola peut aisément défendre l'accès de la Lombardie.

II

ÉTUDE GÉOLOGIQUE

L'importance d'un gisement minéral est intimement liée à sa constitution Géologique. Si, en effet, cette constitution n'est qu'accidentelle, son importance diminue, si, au contraire, elle est fondée sur l'une des puissantes assises qui forment la croûte terrestre, elle prend une signification correspondante à la puissance même de ces assises.

L'étude Géologique d'un gisement et sa détermination précise constituent donc l'un des éléments capitaux de son importance; et cependant MM. Burthe et Dean se sont contentés, après avoir toutefois reconnu que les gneiss qui encaissent les filons de Gondo sont disposés en *bancs* plongeant vers le S., de tirer des alternances seules de dureté de cette roche des indices de richesse ou de pauvreté de ces filons. Seul M. Manthès s'est fondé sur la *puissance* et la *régularité* de ces gneiss, pour affirmer l'importance du gisement, reconnaissant d'ailleurs plus expressément que ses prédécesseurs leur caractère de stratification.

La stratification de ces gneiss est si évidente à mes yeux, que je m'étonne que mes devanciers ne l'aient pas plus expressément affirmée. Il est évident pour moi, qu'à cause de cette stratification même, on se trouve à Gondo, non pas en face de terrains véritablement cristallins, mais en face de terrains de sédiment, ayant subi un métamorphisme, et j'ajoute de terrains de sédiment appartenant aux plus puissantes assises de la croûte terrestre.

En effet, les trois ingénieurs dont nous avons analysé les travaux sur Gondo sont tous trois d'accord pour reconnaître que les bancs de gneiss y plongent vers le S. Or, c'est là précisément le sens qu'ont dû prendre dans leur inclinaison, en cet endroit des Alpes, des couches stratifiées qui auraient été soulevées, sur le versant italien. Il suffit d'ailleurs d'un coup d'œil jeté sur la carte, qui accompagne ce mémoire, pour se convaincre par la disposition des crêtes du Seehorn et du Camozellhorn, eu égard à la vallée du Zwischbergen, que le pendage de ces gneiss concorde parfaitement avec la disposition générale que doivent avoir, par rapport à la chaîne des Alpes Pennines, des couches véritablement stratifiées, et que par conséquent, le pendage des gneiss n'est pas purement accidentel. mais bien le pendage général de toute la contrée.

Tout d'abord, on est donc amené, à considérer qu'on se trouve là en face d'un fait général par rapport à l'ensemble du versant italien des Alpes Pennines, et non pas en face d'un fait purement spécial à la vallée du Zwischbergen.

Et si maintenant on remarque que MM. Burthe et Dean ont tous deux constaté l'existence au fond de la vallée du Zwischbergen, au-dessus du Camozellhorn, d'un lambeau calcaire cristallin, dont le pendage est nettement le même que celui des gneiss; que de l'autre côté de la gorge du Simplon, en face même de la vallée du Zwischbergen, au-dessus du hameau principal de Gondo, les gneiss qui apparaissent sur les flancs de cette gorge, toujours avec le même caractère évident de stratification, sont surmontés d'un calcaire cristallin qu'Élie de Beaumont désigne comme étant un calcaire jurassique modifié ; en outre si l'on tient compte, comme l'a dit M. Manthès, en parlant de ces gneiss, que l'on se trouve là en face d'une formation puissante et régulière ; n'est-on pas en droit d'admettre que ces gneiss, dans les bancs desquels sont intercalés des lits de micaschistes grenatifères évidemment argileux, ne sont autre chose que l'une de ces puissantes assises d'argiles jurassiques, qui a pu s'imprégner, à cause même de sa nature argileuse, et contrairement au calcaire supérieur d'une nature plus compacte, d'une solution alcaline qui, jointe au silicate d'alumine constitutif de l'argile, lui a permis de se transformer, par métamorphisme, en une pâte feldspathique, dans laquelle le quartz n'apparaît d'ailleurs qu'à l'état de granules de sable transparent, et non pas en proportion aussi considérable que dans les roches purement primitives; tandis que le calcaire supérieur ne subissait qu'un simple changement dans sa contexture et devenait cristallin.

Ce qui me confirmerait dans cette opinion, c'est que cette superposition de calcaires sur des gneiss en des points où ils devraient reposer sur des argiles, s'il n'y avait eu métamorphisme, n'est pas un fait spécial à la contrée que nous étudions; on le retrouve signalé à plusieurs reprises dans l'explication de la carte géologique de France, notamment dans les Pyrénées, tome III, pages 119, 125, 126, 128, 141, où les gneiss sont indiqués comme pouvant provenir de terrains de sédiment métamorphisés. De même, tome II, page 233, le calcaire jurassique est signalé dans les vallées de la Creuse et de l'Indre comme reposant directement sur le gneiss.

D'autre part, M. Beudan reconnaît expressément que les gneiss en général peuvent provenir d'argiles jurassiques métamorphisés.

Enfin, M. d'Archiac, tome VII, pages 225 et suivantes de son *Histoire des progrès de la Géologie*, traitant du grand Saint-Bernard, du Mont Rose et de la vallée même d'Ossola, n'hésite pas, d'après les auteurs dont il rapporte les travaux, à désigner les gneiss de cette contrée sous le nom de *gneiss métamorphiques jurassiques*.

Tous les bancs de calcaires, dit-il, reposent sur le gneiss; mais il est douteux que celui-ci soit un véritable gneiss; peut-être serait-ce encore un schiste jurassique très altéré. Et plus loin, à propos du Mont Rose, il dit expressément *gneiss jurassique*.

« En considérant, dans leur ensemble, dit M. Studer cité par M. d'Archiac, tous ces enchevêtrements de schistes argileux noirs, de calcaires, de dolomies, de gneiss et de micaschiste, on croit voir un seul terrain très puissant, composé d'alternances de marnes et de calcaires, et qui sur plusieurs lignes parallèles et à différentes hauteurs, aurait été métamorphisé avec plus ou moins d'énergie, soit en gneiss et en micaschiste soit en schiste argileux ou bien encore en dolomie; *et il semble que ces transmutations étaient terminées lorsqu'une nouvelle action mécanique est survenue, par laquelle le gneiss et le schiste, avec les roches qui dépendent de ce dernier, ont été disloquées de la même manière. L'effet principal de cette action doit avoir été un soulèvement général dans la direction de la chaine des Alpes entre la plaine de la Lombardie et la partie basse de la Suisse; mais les détails de la structure permettent encore d'apercevoir l'effet d'une grande pression latérale par laquelle les couches ont été forcées de prendre une position verticale sur un espace plus petit en largeur que celui qu'elles devaient occuper avant le redressement.*

« *Cette pression, dans le pays qui nous occupe, parait avoir agi du N. O. au S. E. et les fortes inclinaisons dans le Haut-Valais et le Saint-Gothard se trouveront expliquées par cette pression.* »

Après avoir encore signalé dans la région indiquée trois directions différentes qui ont influencé son relief : la première, celle du Mont Blanc, dirigée N. 35. E.; la seconde parallèle au massif du Finsteraarhorn et courant N. 52. E., et la troisième, celle du Saint-Gothard, dirigée N. 62. E., *le savant auteur de la carte géologique de Suisse conclut que l'influence de la première, celle du Mont Blanc, ne se montre nulle part dans le pays qu'il a décrit,* que celle des deux autres se balance quant à la stratification, mais que l'influence du massif des Alpes Bernoises domine dans la distribution des roches et dans l'alignement des chaînes voisines du Haut Valais.

« A travers ces roches d'âge différent, dit aussi M. de Sismonda au sujet de la même contrée, ont surgi çà et là les serpentines, les euphodites, etc., qui ont profondément modifié les roches sédimentaires de cette partie des Alpes et auxquelles serait dû aussi la pente plus rapide du versant italien de la chaîne elle-même. »

J'ai tenu à citer ces différents passages d'auteurs, dont l'autorité est incontestable, pour bien faire voir combien ils concordent avec ce que j'ai dit relativement au point particulier de Gondo et faire voir que ce gisement, dont M. Manthès avait déjà signalé la puissance et la régularité, appartient bien à la Géologie générale des Alpes Pennines, et est loin d'être un simple accident dans cette chaîne importante.

Si les considérations Géologiques qui précèdent permettent d'affirmer, par sa constitution Géologique elle-même, toute l'importance du gisement de Gondo, la partie Géogénique des citations que je viens de donner de M. Studer et de M. de Sismonda, m'amène à faire l'étude Géogénique de la contrée telle que je la comprends.

Tout en constatant un pendage général du terrain vers le Sud, pendage qui est bien celui que j'ai signalé à Gondo, M. Studer et M. Barthe signalent l'absence dans les Alpes Pennines du système du Mont Blanc. En expliquant pourquoi, selon moi, cette direction ne peut s'y trouver, on verra l'importance qu'y ont les deux autres directions données par M. Studer.

J'appelle tout particulièrement l'attention sur la relation que M. Studer remarque entre les deux versants des Alpes ; on verra l'importance qu'a pour moi cette relation, et aussi, sur la plus grande raideur du versant italien, signalée par M. de Sismonda, raideur qu'il attribue à l'éruption des serpentines et que je crois pouvoir expliquer différemment.

En somme, on verra, par l'étude qui va suivre, que tous les faits Géogéniques observés dans la vallée du Zwischbergen sont en rapport intime avec les faits Géogéniques généraux des Alpes Pennines ; et que, par conséquent, ils sont d'accord avec les faits Géologiques pour accuser l'importance du gisement de Gondo.

III.

ÉTUDE GÉOGÉNIQUE

Déjà en 1874, 75, 76, MM. Burthe, Dean et Manthès avaient constaté les difficultés que l'on avait à parcourir les anciens travaux, même à les aborder. On comprend que, depuis ce temps, la situation ne s'est pas améliorée, surtout en ce qui concerne les sentiers de chèvres, par lesquels les anciens mineurs accédaient aux galeries situées quelquefois, comme celle de la Camozetta, sur la crête de la montagne, à une altitude de 2,000 mètres environ, et par lesquels ils descendaient le minerai à dos jusqu'à l'usine. Aussi n'ai-je pu visiter les anciens travaux que sur peu de points. Je n'aurais pu d'ailleurs y relever, comme le dit M. Manthès, que des directions contestables, à cause de la mauvaise exploitation des anciens mineurs et du trouble qu'apporte, dans l'observation des directions, l'exploitation des filons accessoires, sauf toutefois la direction générale et évidente sur laquelle tout le monde est d'accord, celle du système du Mont Viso.

J'ai donc été amené à faire l'examen Géogénique de Gondo à un point de vue général et d'ensemble ; à étudier, par l'observation des formes extérieures du sol, la disposition réciproque des filons qui s'y dessinent avec netteté, grâce à l'escarpement de la montagne située sur la rive droite du Zwischbergen, et sur les flancs de laquelle ils se rencontrent tous, ainsi qu'à sa dénudation presque complète en dehors des éboulis amoncelés vers son pied.

Ce point de vue d'ensemble s'accordait d'ailleurs avec le but de mon voyage qui était principalement de déterminer la situation de l'usine et le meilleur point d'attaque des filons.

Dans la montagne qui borde la rive droite du Zwischbergen et dans laquelle se trouvent concentrés tous les filons aurifères, par suite d'une disposition Géogénique qui va se développer au fur et à mesure de cette étude, il existe un point Géogénique vraiment singulier, sur lequel mon attention avait été attirée par l'un des anciens ouvriers mineurs, homme plein de bon sens et de jugement et qui, depuis la cessation des travaux, devenu contrebandier comme tous les gens du pays, s'est trouvé joindre à son vieil instinct de mineur de la disposition intérieure des filons, l'instinct spécial au contrebandier des formes extérieures du sol. L'étude Géogénique du gisement de Gondo n'a fait qu'accroître à mes yeux la singularité de ce point. Si M. Burthe eût rapporté à ce point, plutôt qu'au mont Pioltone, les différentes directions qu'il a étudiées, je ne doute pas qu'il fût arrivé à déterminer absolument la constitution Géogénique du gisement qui y est écrite, on peut le dire, en lettres majuscules.

Il semble que l'importance de ce point n'ait pas échappé à M. Gerlach, car c'est précisément en ce point que sur sa carte, il indique l'emplacement des filons aurifères, auxquels il donne un pendage vers le S., en indiquant une direction très rapprochée de celle du cercle de la Nouvelle-Zemble, et non un pendage vers l'O., comme M. Burthe et M. Dean pour les filons se rapprochant de cette direction. On se rappelle d'ailleurs que M. Burthe, trompé par les filons accessoires quant à ce pendage, reconnaît que les richesses normales ont un pendage vers le S.. dans les filons dirigés N. 20.O. Ce ne peut être par pur hasard que M. Gerlach a ainsi indiqué les filons de Gondo, car non seulement la direction indiquée par lui est bien celle des filons riches, mais encore le point qu'il a choisi, pour indiquer sur sa carte le gisement de Gondo, comme aussi ceux qu'il a choisis pour indiquer les gisements voisins d'Antrona et de Postarona, sont si bien en rapport avec les faits Géogéniques que je vais développer, et liés tous ensemble par une même direction, que je ne puis croire que ces points n'aient été choisis par lui à bon escient.

Dans le croquis joint à ce mémoire, pl. 1, j'ai essayé de

donner une idée de la manièredont se dessinent en ce point, sur les flancs de la montagne, à droite du Zwischbergen, les affleurements des filons, afin de bien faire voir combien ce point est frappant. Ce croquis sera utile aussi plus tard, lorsque nous indiquerons le système d'exploitation jugé le meilleur. A ce croquis est jointe une carte Pl. 2, sur laquelle l'ensemble des directions Géogéniques du gisement sont indiquées.

Si on se place, en effet, un peu au-dessous de la cote 1910 de la carte ci-jointe, qui n'est que l'agrandissement photographique de celle du Club Alpin, au point *m*, à la hauteur environ de la cabane qui servait, pendant la semaine, d'habitation aux mineurs attachés à la galerie de la Fontaine, dont on a l'affleurement derrière soi, affleurement qui se trouve reproduit assez exactement sur la carte, et si, de ce point, se tournant vers le N., on regarde l'endroit coté 1670, où se trouvent situées les cabanes des ouvriers des galeries Sainte-Catherine et Maffioli, on voit sur le flanc opposé du couloir d'avalanches qui vous sépare de ce dernier point, se dessiner, par des arrachements un ensemble de filons qui viennent tous s'entrecroiser dans ce couloir et y former comme un *nœud* géogénique.

Si maintenant on se rend compte de l'orientation de ces filons, on voit nettement qu'ils se divisent en deux groupes distincts ; l'un très simple, suivant une seule et unique direction E. 10.N. avec un pendage de raideur moyenne vers le N. N. O. l'autre plus compliqué formé d'un faisceau de directions disposées en éventail, ayant toutes un pendage très raide vers le S., comme les gneiss encaissants, mais beaucoup plus raide. Au premier groupe appartient la galerie dite Sainte-Catherine, située, comme il est facile de le voir sur la carte, et sur le croquis, sur le même affleurement que celle dite du Moulin.

Au deuxième groupe appartiennent les galeries Maffioli et Camozetta. Les deux groupes s'entrecroisent, par des affleurements parallèles, sur le flanc de la montagne, comme il est facile de s'en rendre compte.

Le premier système est exactement orienté suivant la direction du cercle du Tatra, et je ferai remarquer que non seulement cette direction est également parallèle à celle de la gorge du Simplon, du village de Simplon à Grevola, mais encore que c'est suivant un ancien mur de Filon exactement orienté de même que le Zwischbergen se jette, par un plan incliné de près de 200 mètres de hauteur, dans la Doveria, qui coule au pied. Je tirerai plus loin une conséquence Géogénique importante de ce fait.

Tous les filons du deuxième système se croisent dans le couloir d'avalanches, où coule le torrent de Buhl. Ils sont disposés en éventail, suivant des lignes qui concordent bien avec les accidents du relief du sol reproduits sur la carte, et qui sont compris entre deux directions extrêmes, ou plutôt qui se groupent vers deux directions extrêmes, l'une celle du Cercle du Mont Viso et l'autre celle du cercle de la Nouvelle-Zemble. On voit que si je suis d'accord avec M. Burthe relativement à la direction du Mont Viso, comme étant celle d'une série de filons, je reporte sensiblement vers le nord l'ensemble des directions qu'il groupe autour de celle qu'il indique E. 40. N. On remarquera en outre que la direction du cercle de la Nouvelle-Zemble est exactement parallèle à l'axe de la vallée de Zwischbergen. Je rapprocherai plus tard ce fait de celui que j'ai déjà constaté, du parallélisme de la gorge du Simplon, et du cercle de Tatra ; et il résultera de l'ensemble de ces considérations Géogeniques, ce qui d'ailleurs est constaté en fait, que la limite vers l'O. du gisement de Gondo coïncide avec la direction du cercle de la Nouvelle-Zemble, c'est-à-dire avec l'axe de la vallée de Zwischbergen.

Cette description de l'ensemble des filons du gisement de Gondo une fois faite, je vais essayer de pénétrer le sens Géogénique de leur disposition réciproque.

Mais auparavant certaines considérations générales sont nécessaires pour bien établir la filiation des idées qui m'ont permis d'arriver à un résultat que je crois juste.

Après les luttes du Plutonisme et du Neptunisme qui resteront celles de l'âge grandiose de la Géologie, comme l'ère mythologique, et ses grandes conceptions poétiques, reste l'âge grandiose de l'histoire, il était naturel, et en même temps nécessaire que la science Géologique, se proposant un but dont l'utilité immédiate fût incontestable, s'appliquât à établir la classification des différentes assises qui composent l'écorce terrestre et à déterminer leurs contours à sa surface; mais il me semble qu'à l'heure présente, la Géologie s'attarde dans la discussion de sous-détails de ces assises, et dans celle de fossiles dont la présence devient et deviendra de jour en jour de moins en moins caractéristique de telle ou telle de ces assises.

Si elle veut s'élever jusqu'à la hauteur qu'il lui est permis selon moi d'atteindre, la science géologique doit tout d'abord s'appliquer à déterminer les formes de la surface du globe terrestre, formes qui transgressant le plus souvent par-dessus les assises de son écorce, outre qu'elles prennent par là un caractère plus grand de généralité. que ces assises elles-mêmes, sont avec elles dans le rapport de cause à effet. Elle pourra ainsi atteindre ensuite la cause elle-même de ces formes, c'est-à-dire la distribution des masses intérieures du globe dans les mouvements réciproques qu'elles ont dû éprouver pour donner naissance aux formes de la surface.

C'est cette science Géogénique, en ce qui concerne les formes extérieures du globe terrestre, dont Élie de Beaumont a jeté les bases fondamentales par l'immortelle découverte du Réseau pentagonal.

Que faut-il donc faire, en attendant que l'on puisse s'élever jusqu'à la connaissance de la distribution des masses intérieures du globe et à celle des mouvements qu'elles ont pu subir, pour arriver, avec le Réseau pentagonal comme moyen d'investigation, à la connaissance préalable des formes extérieures du globe?

Or, pour bien comprendre toute la valeur et la fécondité du principe du Réseau pentagonal, et arriver par lui à la connaissance de la surface du globe, il faut, selon moi, le considérer à deux points de vue, corrélatifs l'un de l'autre, points de vue auxquels m'ont amené de longues études d'application du Réseau pentagonal, études dont je publierai bientôt, j'espère, les résultats et qui feront voir toute la valeur pratique de la découverte d'Élie de Beaumont.

En premier lieu, si on veut, par le Réseau pentagonal, arriver à l'interprétation Géogénique d'un point donné du globe, il faut avoir bien soin de ne le considérer qu'à un point de vue essentiellement local, et ne se servir que de cercles traversant le point même que l'on étudie ou n'en passant qu'à une faible distance. La loi géométrique qui forme la base du Réseau pentagonal cesserait de porter le caractère fondamental de la vérité, si, tout en étant la loi géométrique générale qui préside à la répartition des accidents superficiels du globe, elle ne devait en même temps donner la raison essentiellement locale et particulière de ces mêmes accidents en un point donné du globe. Or, plus on pénètre dans l'étude du Réseau pentagonal et dans celle de son application, plus on se convainc qu'il satisfait bien réellement à cette double condition, et en attendant le travail d'ensemble dont je parle plus haut, le présent mémoire en sera, je pense, une preuve évidente. C'est pour n'avoir pas compris le caractère essentiellement local du Réseau pentagonal dans ses applications particulières, que j'ai critiqué M. Burthe lorsque, voulant pénétrer le sens Géogénique du gisement de Gondo, il rapporte au mont Piollone toute une série de cercles qui n'ont avec les Alpes et surtout avec les Alpes Pennines aucun rapport, non seulement ne les traversent pas, mais encore en passent même à des distances considérables, et, lorsqu'il méconnaît tellement ce sens local qu'il ne voit pas pourquoi le cercle des *Alpes occidentales*, cependant si voisin, n'a pas impressionné le sol de Gondo. Au surplus il suffit de se reporter à la *Note sur les systèmes de montagnes* pour se convaincre que la doctrine, qui en ressort presque à chaque page, est bien celle de la localisation de l'interprétation du Réseau pentagonal. Et lorsqu'il s'écarte quelque peu de ce principe de localisation, Élie de Beaumont a bien soin de faire observer que la distance du cercle dont il se sert, par rapport au point qu'il étudie, rentre dans les approximations pratiques. On peut voir, entre autres exemples, l'importance toute locale qu'il donne aux deux points de croisement d'Antibes et de Coni.

En second lieu, il faut élargir la conception du Réseau pentagonal et cesser de le considérer comme ne donnant que de simples alignements Géogéniques. Dans son application, en effet, le Réseau pentagonal a trait à des réalités absolument concrètes qui sont les accidents superficiels du globe ; et si grâce à lui on peut arriver à déterminer de telles réalités, ce ne peut être qu'en donnant raison de leurs dimensions, c'est-à-dire au moins de la génération de leur surface, en attendant celle de leur volume. De simples alignements géométriques et pour ainsi dire purement idéaux, ne sont nullement adéquats à la notion de surface, et si déjà dans ces alignements le Réseau pentagonal est si indiscutablement en relation intime avec les accidents de la surface du globe, il doit pouvoir aussi donner raison de la génération de cette surface.

Le Réseau pentagonal doit donc être considéré, selon moi, comme constituant la base fondamentale de la génération des surfaces terrestres. C'est dans cet ordre d'idées que j'en ai fait une longue étude d'application, étude dont les résultats étonneront à la fois par leur extrême précision pratique et par leurs conséquences, et dont celle spéciale du gisement de Gondo va être un exemple préalable.

En se plaçant à ce point de vue pour interpréter le Réseau pentagonal et en faire l'application pratique, on est de suite amené à établir une distinction capitale entre les cercles principaux et les cercles auxiliaires. Tandis que les premiers sont en relation intime avec les directions des lignes granitiques du globe, avec son Ossature primitive, et suffisent comme simples alignements ; les cercles auxiliaires au contraire sont plus particulièrement en relation directe avec les terrains sédimentaires, qui sont comme les muscles et les tendons de l'Ossature primitive. Les premiers, à titre de simples alignements, peuvent donc être considérés comme les directrices des surfaces terrestres; tandis que les cercles auxiliaires seront comme les génératrices des surfaces gauches qui se sont produites entre les lignes d'Ossature primitive et dans lesquelles se sont déposés les terrains de sédiment.

S'il en est ainsi, les cercles auxiliaires, dont la multiplicité, bien que justifiée géométriquement par Élie de Beaumont, était pour les esprits superficiels un argument contre le Réseau pentagonal, deviennent au contraire l'argument le plus capital en sa faveur et l'un de ses instruments les plus importants, puisque, les cercles principaux à titre de directrices, doivent nécessairement être en nombre limité, tandis que par toute l'infinité des points d'une surface, on peut faire passer une génératrice, tandis que par conséquent les cercles auxiliaires doivent être réellement en nombre infini et servir mieux que les cercles principaux à la détermination des surfaces gauches terrestres.

Ceci dit, si l'on cherche à se rendre compte des surfaces qui peuvent être engendrées en thèse générale dans l'intérieur d'un pentagone octaédrique, en le considérant comme l'une des Assules du test terrestre (le mot est d'Élie de Beaumont), en tenant compte des oscillations et des contre-oscillations que chacun de ses côtés a pu subir, sans cesser de former avec l'ensemble des autres un pentagone quant aux angles; si l'on cherche à se rendre compte des gauchissements qui en résultent sur la surface de ce pentagone; si, enfin, pour déterminer les surfaces gauches qui en sont la conséquence, on prend pour directrices de ces surfaces : d'une part, successivement chacun des côtés du pentagone que j'appellerai les directrices principales, par lesquelles le pentagone octaédrique est relié à l'ensemble du globe, et par leur caractère de cercles principaux, et par les surfaces trapézoïdales dont ils font partie en même temps que du pentagone octaédrique; d'autre part, une directrice que j'appellerai particulière à la surface du pentagone et non plus universelle, tirée d'une relation spéciale à ce pentagone, c'est-à-dire d'une relation liant entre elles les diverses surfaces gauches qui ont pour directrices principales, chacun de ses côtés, relation enfin qui est établie en fait par la rencontre au centre même du pentagone, des cercles perpendiculaires et des cercles bissecteurs ; on arrive ainsi à concevoir que les oscillations et contre-oscillations de chacun des côtés peuvent être considérées comme ayant lieu de part et d'autre du milieu de chacun d'eux, c'est-à-dire de chaque côté des points A. Qu'ainsi il se produit dans l'intérieur du pentagone autour de ces points des surfaces gauches relativement étales, soit concaves, soit convexes ; tandis qu'il se produit à partir de chaque sommet du pentagone des surfaces conoïdes plus accentuées, soit en concavité, soit en convexité ; et qu'en somme, en thèse générale, par l'enchevêtrement réciproque de ces diverses surfaces vers le centre du pentagone, la surface de ce dernier a dans son ensemble, soit concave, soit convexe, l'aspect d'une étoile de mer, dont le milieu serait analogue dans sa forme à l'un de ces Domoïdes décrits par M. Léopold Hugo, et dont les pointes aboutiraient aux sommets du pentagone. Chacune de ces surfaces considérée en particulier, peut être en outre considérée comme formée dans son détail d'une série de cannelures consécutives résultant des changements relatifs de leurs directrices dans leurs oscillations réciproques. En sorte que par l'enchevêtrement et le raccordement de toutes ces surfaces entre elles, raccordement qui a pour base la connexité qu'établit entre elles celle même qui relie entre eux les cercles du Réseau pentagonal, se produit toute la variété des formes terrestres. Et si on pousse l'étude de ces surfaces jusque dans leur plus grand détail, on arrive à reconnaître dans les terrains sédimentaires l'existence de véritables paraboloïdes de raccordement.

On voit qu'en considérant le Réseau pentagonal comme étant la base fondamentale de la génération des surfaces gauches terrestres, je donne une sanction *Réelle* à la connexion géométrique qui en relie les cercles entre eux. Elle devient une véritable connexion pratique. On peut se rendre compte aussi que le point de vue auquel je me place, permet d'expliquer la récurrence de certaines directions sur l'ensemble de la surface du globe. On comprend, en effet. que dans la génération des surfaces terrestres par la rotation de leurs génératrices autour de certains points, soit les points A, soit les sommets du pentagone, certaines de ces génératrices peuvent, dans un pentagone donné, se trouver parallèles à d'autres génératrices appartenant à d'autres pentagones ; mais alors la direction de ces génératrices ne doit pas être considérée comme identique, mais seulement comme résultant d'un rapport de similitude géométrique dont la loi serait peut-être à chercher. Ainsi s'éclaire un point de l'interprétation du Réseau pentagonal, car sans ce principe de similitude, la multiplicité des observations de directions semblables sur l'ensemble de la surface du globe eût pu paraître y apporter la confusion.

Dans la même voie il y aurait aussi à chercher à établir les rapports qui doivent exister entre les différents Pentagones octaédriques, par l'intermédiaire des espaces trapézoïdaux, à expliquer la situation exclusivement maritime de certains, l'Hémiédrie de certains autres, et enfin celle exclusivement continentale, et en quelque sorte privilégiée de deux d'entre eux, le pentagone octaédrique Asiatique et le pentagone octaédrique Européen, dans lesquels la civilisation humaine s'est développée de préférence à tout autre point, de la surface du globe. Il y a là toute une série de faits curieux à étudier, dont nous donnerons plus tard un aperçu, du moins en ce qui concerne le pentagone octaédrique européen, notamment les rapports que les faits Géogéniques établissent entre le continent Européen et le continent Asiatique.

Je m'arrête là pour le moment et pour justifier au moins par un exemple les considérations qui précèdent, il faut maintenant déterminer le sens Géogénique du gisement de Gondo en nous fondant sur ces mêmes considérations.

Cependant je ferai observer de suite que si, comme tout le fait présumer, le gisement de Gondo, loin d'être un pur accident, appartient à l'une des puissantes assises géologiques du globe et, par suite se trouve en connexion avec une contrée dont l'étendue est proportionnelle à l'importance même de cette assise, l'étude Géogénique du gisement de Gondo doit venir confirmer notre présomption Géologique. Par conséquent elle ne doit pas seulement porter sur l'espace restreint de la vallée du Zwischbergen, mais sur un ensemble de la contrée environnante, tel qu'il soit corrélatif de l'importance Géologique attribuée aux assises que je crois reconnaître à Gondo, et la détermination de la structure géogénique de ce gisement doit découler de celle de la structure géogénique générale de la contrée. Alors la Géologie comme la Geogénie seront d'accord pour attester l'importance du gisement, en puissance et en profondeur, comme l'a déjà reconnu M. Manthès.

De plus, si, comme je l'ai dit, le Réseau pentagonal qui va être la base fondamentale de cette étude, est bien susceptible d'une application essentiellement locale, la contrée sur laquelle elle devra porter devra aussi être exactement circonscrite par des axes Géogéniques qui lui sont absolument propres, qui y passent directement sans avoir besoin de recourir à des cercles qui n'auraient pas le caractère local que je recherche.

En somme c'est de la structure Géogénique générale des *Alpes Pennines* que doit découler pour moi celle du gisement de Gondo, comme une structure de détail, de leur structure d'ensemble, laquelle doit former un tout géogénique local bien nettement déterminé lui-même dans l'ensemble Géogénique des Alpes, considérées dans toute leur Généralité. Ainsi sera reconnue en fait la connexité qui relie entre elles les formes de la surface du globe, attestée par la loi qui embrasse le globe dans son entier, depuis les plus générales, jusqu'aux plus particulièrement locales, telles que celles de la vallée du Zwischbergen.

— Considérées dans l'ensemble de leur contour général, les Alpes forment comme une courbe surbaissée tangente de chaque côté à chacun des cercles DA'' et DA''' et dans sa partie supérieure au cercle du Tatra, qui passe par le sommet T' du pentagone. Cette tangence avec le cercle du Tatra qui a lieu un peu à l'Est du cercle DT'' semble avoir favorisé par cette position un peu dissymétrique la formation, dans la partie occidentale des Alpes, d'une branche accessoire de la courbe générale, qui s'en détache tangentiellement vers le Saint-Gothard pour s'accentuer à l'Ouest et revenir ensuite rejoindre la courbe générale vers Coni. Dans ce parcours, elle se trouve comme enveloppée par une suite de cercles qui semblent l'y ramener peu à peu, ce sont les cercles des Alpes occidentales, du Vercors et du Mont-Hécla.

Ce que je vais dire pourra paraître paradoxal, et cependant je ne vois pas d'autre manière d'exprimer ma pensée.

D'un côté, cette continuité dans le contour général des Alpes est bien réelle, car elle est attestée par la disposition continue elle-même des terrains de sédiment le long de son parcours, et elle est ainsi le résultat, et en même temps la preuve, de la connexité Géogénique qui a relié entre eux les mouvements des masses intérieures du globe, mouvements qui ont façonné ce contour, malgré qu'ils aient été successifs et non simultanés.

D'un autre côté, cette continuité n'est qu'apparente : car les mouvements qui ont façonné ce contour ont été successifs et non simultanés, et il est facile de distinguer dans les Alpes divers tronçons que de tout temps y a distingués la faculté d'observation toujours logique du sens commun humain, dont la science n'a eu qu'à confirmer la justesse.

Cette distinction de plusieurs tronçons dans les Alpes s'explique tout naturellement si l'on en vient à considérer les différentes surfaces gauches qui ont pu s'appuyer sur leur contour, étant donné que l'on prenne les cercles principaux du réseau pentagonal comme directrices de ces surfaces, tout en se rappelant avec soin que ces surfaces doivent nécessairement avoir entre elles une certaine connexité due à la généralité même de la loi du Réseau pentagonal, dont elles sont en quelque sorte les dérivées de détail ; connexité attestée par la continuité même du contour général des Alpes.

Si en effet, par exemple, on considère chacune de leur côté les deux surfaces concaves qui ayant les points A'' et A''' pour sommets, ont formé d'un côté l'Adriatique et la côte italienne jusqu'aux Alpes, de l'autre la mer Tyrrhénienne et plus particulièrement le golfe de Gênes, on conçoit que ces surfaces après avoir eu toutes deux pour directrice le cercle du Tatra, qui appartient à une surface ayant pour sommet le point T' du pentagone, ont dû ensuite s'appuyer toutes deux aussi sur le cercle DT'', comme nouvelle directrice, et qu'ainsi elles ont dû laisser dans le contour général des Alpes comme un intervalle. Tandis que, en effet, la surface qui a pour sommet le point A'' s'appuie tout d'abord sur les Alpes Noriques pour s'appuyer ensuite sur les Apennins qui forment l'arête centrale de l'Italie. suivant le cercle DT'', et laisse ainsi entre les Alpes Noriques et les Alpes centrales l'intervalle par lequel passe l'Adige; d'un autre côté, la surface qui a pour sommet le point A''' après s'être appuyée aussi sur les Alpes centrales dans la vallée du Pô, et y avoir formé comme une série de cannelures accusées par les différents lacs qui s'y trouvent, semble aussi les quitter pour laisser aussi passer l'Adige et s'appuyer sur l'arête centrale de l'Italie.

— Quant aux Alpes Pennines, elles forment comme le tronçon intermédiaire entre les Alpes Centrales et les Alpes Occidentales et, serrant de plus près la question, ce sont elles qu'il faut maintenant étudier au point de vue Géogénique de la génération des surfaces terrestres, priant le lecteur de se reporter pour tout ce qui va suivre à la carte Géologique que M. Gerlach en a donnée, en y ajoutant toutefois les cercles du réseau pentagonal qui traversent cette contrée.

Les Alpes Pennines forment donc comme la transition entre les Alpes Centrales et la branche accessoire qui prend son développement vers le Dauphiné, et c'est précisément par elles que commence à se détacher du contour général des Alpes, cette branche accessoire. En effet, si comme je l'ai dit, la surface, qui s'adosse aux Alpes centrales du côté de l'Italie a pour sommet le point A''' et pour directrice le cercle du Tatra ; si, d'autre part on admet que la surface qui vient s'adosser du côté de la Suisse a pour sommet le centre D du pentagone et aussi pour directrice le cercle du Tatra, on conçoit que dans les Alpes centrales l'intersection, commune à l'une et à l'autre, de ces deux surfaces avec celle à laquelle appartient le cercle du Tatra, c'est-à-dire la ligne de Faîte, sera, à cause de la disposition analogue de ces deux surfaces, par rapport au cercle du Tatra, sensiblement parallèle à la direction de ce cercle. Dans les Alpes Pennines, au contraire, il existe comme une disjonction de cette intersection qui cesse d'être commune aux deux surfaces Italienne et Suisse, la première, outre qu'elle est concave, s'infléchissant fortement en cet endroit vers l'ouest, tandis que la seconde conserve sa première direction. En sorte que les intersections de ces deux surfaces, avec celle à laquelle appartient le cercle du Tatra, cessent d'avoir la même direction ainsi qu'on va le voir.

Les Alpes Pennines sont très nettement circonscrites du côté de l'Italie, entre le cercle de la Nouvelle Zemble d'un côté et celui du Mont Viso de l'autre : en sorte que la surface italienne a pour sommet, par rapport aux Alpes Pennines, le point de croisement de ces deux cercles, point que j'appellerai une déviation pratique du point A''', amenée par le relèvement de la côte Italienne. Or d'un côté par le cercle de la Nouvelle Zemble qui passe à la fois par le point D et le point A''' et est ainsi une génératrice commune aux deux surfaces Italienne et Suisse, dont la direction semble être la limite extrême vers l'ouest de l'intersection commune de ces deux surfaces avec celle à laquelle appartient le cercle du Tatra, par ce cercle, dis-je, les Alpes Pennines se rattachent aux Alpes Centrales, tandis que par celui du Mont Viso qui doit être considéré comme une génératrice spéciale à la surface Italienne, elles s'en distinguent absolument, de même qu'elles se distinguent aussi très nettement des Alpes occidentales. Ce cercle, en effet, passe exactement au pied sud-ouest du Mont-Blanc et sa direction, à partir de ce point, accuse un rejet vers le sud-est de la ligne de faîte, rejet qui enclave la Maurienne ; en sorte que, par ce rejet, les Alpes Occidentales sont entièrement distinctes du Mont-Blanc et que les Alpes

Pennines commençant réellement au Mont-Blanc, s'étendent de là jusqu'au Saint-Gothard. C'est, selon moi, cette distinction entre les Alpes Pennines et les Alpes Occidentales, distinction, accusée très nettement par le cercle du Mont Viso, dont en outre la direction prolongée au delà du Mont-Blanc coincide avec une ligne de faîte qui impose au Rhône un coude brusque avant d'atteindre le lac de Genève, comme pour affirmer encore davantage cette distinction, c'est elle qui explique clairement pourquoi, comme le reconnaissent M. Studer et M. Burthe, la direction du cercle des Alpes Occidentales ne se rencontre pas dans les Alpes Pennines; M. Studer appelant à tort, ainsi qu'on le voit, le système des Alpes Occidentales système du Mont-Blanc, lequel, suivant moi, ne fait nullement partie du système des Alpes Occidentales, que l'on a considérées jusqu'ici, à mon sens, d'une façon trop Géologique et pas assez Géogénique.

Du Mont-Blanc au Saint-Gothard, la ligne de faîte des Alpes Pennines forme une ligne brisée dont la première partie va du Mont-Blanc au Mont-Rose et la seconde du Mont-Rose au Saint-Gothard. Parallèlement à cette dernière direction, sur la rive gauche de la Toce qui, en passant par Domo d'Ossola va se jeter dans le lac Majeur, se trouve une ligne de faîte qui est comme un rejet de la première, rejet divisé lui-même en deux parties séparées. Le diagramme ci-joint (pl. 3, fig. 1) donnera une idée de cette disposition générale.

La ligne qui va du Mont-Blanc au Mont-Rose est parallèle à la direction du cercle du Tatra, celle qui va du Mont-Rose au Saint-Gothard est parallèle à la direction du cercle de la Nouvelle-Zemble. Et, selon moi, elles représentent les intersections respectives des surfaces Suisse et Italienne avec celle à laquelle appartient le cercle du Tatra, accusant ainsi toutes deux la disjonction citée plus haut.

Voyons donc quelles ont pu être, de part et d'autre, ces intercessions par rapport aux Alpes Pennines.

— Du côté de la Suisse, la surface, qui a pour sommet le centre D du pentagone, peut être considérée, à cause de la conformation générale du centre de l'Europe comme une surface convexe très surbaissée ; tandis que celle qui a pour sommet le point T', et à laquelle appartient le cercle du Tatra peut être considérée comme concave sur le flanc des Alpes, ainsi que l'accuse d'ailleurs la vallée du Danube. Et, étant donnée la disposition réciproque des centres de rotation de ces deux surfaces, on peut concevoir que leur intersection, ou celle de leurs plans tangents, sera dirigée suivant l'orientation même du cercle du Tatra ; de même, toutes les fractures élémentaires qui ont dû se produire vers les Alpes Pennines, dans les mouvements réciproques qu'ont subis ces deux surfaces, lors de leur soulèvement, fractures qui sont comme le retentissement pratique de l'intersection principale et forment, par leur réunion, comme la surface élémentaire commune à ces deux surfaces vers leur point de rencontre, doivent aussi avoir la même direction. En outre, on conçoit aussi que ces deux surfaces se coupent entre elles sous un angle aigu dont la pointe est tournée vers l'Italie ; en sorte que, non seulement leur intersection et les fractures accessoires qui en ont été la conséquence, puisque comme on va le voir, l'intersection de la surface italienne avec celle à laquelle appartient le cercle du Tatra n'a pu se faire suivant cette direction, n'ont pu se faire par conséquent par simple plissement, mais bien par fracture de l'écorce terrestre et ont dû accentuer encore davantage la forme primitivement concave, comme je l'ai indiqué plus haut, de la surface italienne, mais encore présenter un profil surplombant vers l'Italie, suivant le diagramme ci-joint, (pl. 3, fig. 2). De plus, ces fractures ont dû évidemment permettre aux roches éruptives de s'épandre de préférence sur le versant italien. Tout ceci est bien conforme aux faits que l'on peut observer et explique la raideur particulière du versant Italien, par rapport au versant Suisse, relatée par tous les observateurs, ainsi que la situation particulière des roches éruptives sur ce versant ; car, à part les serpentines du Mont Rose, lequel forme un point singulier dont je parlerai tout à l'heure, on peut remarquer que les roches éruptives sont, en général, situées dans les anfractuosités du versant Italien et alignées suivant la direction même de ces anfractuosités. Ce ne sont donc pas, on le voit, les roches éruptives, comme le dit M. de Sismonda, qui sont la cause de la raideur particulière du versant italien, mais tout au contraire leur présence sur ce versant est la conséquence de cette raideur même. Enfin, d'après la disposition réciproque des surfaces que je viens de considérer, il est facile de voir que le pendage des fractures qui doivent être la conséquence de leur intersection, doit être dirigé vers le Nord, légèrement incliné vers l'Ouest. Or, c'est précisément ce pendage que, on se le rappelle, j'ai observé à Gondo sur toutes les fractures orientées, suivant la direction du cercle du Tatra. C'est aussi celui que l'on peut observer dans la gorge du Simplon, qui, du village de Simplon à Crevola, est orientée suivant cette même direction, et sur le parcours de laquelle on peut observer sur son flanc sud, c'est-à-dire du côté de l'Italie, toute une suite de surfaces lisses, véritables murs de filons, qui toutes, ont un pendage tel que celui que je viens de dire.

Tout concorde donc bien jusqu'ici dans les faits pour justifier mon interprétation Géogénique des Alpes Pennines.

— Du côté de l'Italie, à cause de la courbure que la surface, qui forme le versant italien des Alpes Pennines, prend vers l'Ouest, entre la direction du Cercle de la Nouvelle-Zemble et celle du Cercle du Mont Viso, et aussi à cause de l'accentuation de sa concavité, lors des fractures de l'écorce terrestre suivant la direction du Cercle du Tatra, accentuation de laquelle est résultée pour elle une plus grande raideur dans son pendage, cette surface ne peut avoir formé avec celle à laquelle appartient ce Cercle, une intersection ayant la direction de ce Cercle.

On conçoit, en effet, que, à cause de la concavité accentuée de cette surface, et de sa courbure très inclinée vers l'Ouest par rapport à la surface à laquelle appartient le cercle du Tatra, son centre de rotation se trouvant en réalité placé à une très faible distance, tandis que la surface Suisse, dont le sommet D est relativement fort éloigné des Alpes, se trouve tout autrement disposée par rapport à cette même surface, l'intersection de cette surface Italienne avec celle à laquelle appartient le Cercle du Tatra a dû se faire en cet endroit suivant une direction très rapprochée, sinon la même, de celle du Cercle de la Nouvelle-Zemble et former ainsi la crête qui fait suite à celle qui va du Mont Blanc au Mont Rose (suivant la direction du Tatra) et qui, elle, va du Mont Rose au Saint-Gothard suivant la direction même du Cercle de la Nouvelle-Zemble. Or cette dernière direction est commune à la fois à la surface Suisse et à la surface Italienne, et il en résulte deux conséquences importantes, justifiées d'ailleurs par les faits. La première, c'est que cette communauté des deux surfaces Suisse et Italienne par rapport à une même génératrice, communauté qui est la conséquence du principe de connexité géométrique sur lequel repose le Réseau pentagonal, et par laquelle s'est réalisé en fait ce principe de connexité entre les faits Géogéniques qui ont successivement façonné les Alpes Pennines, a amené dans l'écorce terrestre, suivant la direction du Cercle de la Nouvelle-Zemble, plutôt un plissement qu'une fracture, comme celle qui s'est produite suivant la direction du Cercle du Tatra; c'est ce qui est attesté par l'absence de roches éruptives suivant la direction du Cercle de la Nouvelle-Zemble, excepté au Mont Rose même, lequel est un point singulier résultant de la seconde conséquence, suite de la communauté de la surface Suisse et de la surface Italienne par rapport à la direction du Cercle de la Nouvelle-Zemble, dont je vais maintenant parler.

L'intersection de la surface Italienne avec celle à laquelle appartient le Cercle du Tatra ayant eu lieu en fait suivant la direction du cercle de la Nouvelle-Zemble, et la direction de ce cercle formant une génératrice commune à la fois aux surfaces Italienne et Suisse, il suit de cette communauté que l'intersection de la surface Suisse avec celle à laquelle appartient le Cercle du Tatra d'une part, et celle de la surface Italienne avec la même surface d'autre part, doivent avoir un point commun situé sur la direction même du cercle de la Nouvelle-Zemble. Or ce point c'est précisément le Mont Rose et il est clair que ce point, commun aux deux surfaces, a déterminé dans l'écorce terrestre un point relativement faible où elle a dû se fracturer d'une façon exceptionnelle et donner passage, comme cela a eu lieu en fait au Mont Rose, à une masse importante de roches éruptives.

Laissant pour le moment de côté la détermination du point géométrique qui doit former la liaison entre les Alpes Pennines et les Alpes Occidentales, je ferai remarquer que, par suite de cette même communauté des deux surfaces Suisse et Italienne par rapport à la direction du cercle de la Nouvelle-Zemble, il doit exister sur cette même direction un second ponit semblable au Mont Rose, commun à la fois et à l'intersection particulière de la surface Italienne avec la surface à laquelle appartient le cercle du Tatra, et à l'intersection commune dans les Alpes Centrales aux deux surfaces Suisse et Italienne avec cette même surface. Ce point c'est le Saint-Gothard, en sorte que dans leur ensemble les Alpes Pennines sont formées de deux alignements, l'un qui va du Mont Blanc au Mont Rose, l'autre qui va du mont Rose au Saint-Gothard, reliés entre eux au Mont Rose par un point géométrique commun, résultant du principe de connexité géométrique qui dans l'ensemble du Réseau pentagonal en relie entre eux les cercles principaux ; et sont elles-mêmes reliées aux Alpes Centrales, au Saint-Gothard, par un point géométrique semblable.

Telle est, esquissée à grands traits, l'interprétation Géogénique qui résulte, suivant moi, pour les Alpes Pennines du Réseau pentagonal ; interprétation qui indique comme une disjonction entre les surfaces Suisse et Italienne, par suite de la direction différente de leurs intersections respectives avec la surface qui traverse l'Europe centrale dans toute sa longueur, et cela au moment même où vont se produire les Alpes Occidentales, servant ainsi comme de transition entre elles et les Alpes Centrales.

Arrivons donc maintenant à l'étude proprement dite du gisement de Gondo, au point de vue Géogénique, gisement qui forme, comme on va le voir, un cas particulier remarquable de la structure Géogénique générale des Alpes Pennines telle qu'elle vient d'être déterminée.

Situé comme on le sait sur le flanc sud de la gorge du Simplon, qui elle-même prend naissance sur la ligne qui va du Mont Rose au Saint-Gothard suivant la direction du cercle de la Nouvelle-Zemble, et s'étend jusque vers Crevola, le gisement de Gondo se trouve, on le voit, compris entre cette même ligne et le rejet brisé qui lui est parallèle sur la rive gauche de la Toce.

Il semble vraiment que, dans cette sorte de chenal, compris entre ces deux alignements parallèles, il y ait eu comme une lutte entre la surface Suisse et la surface Italienne dans leurs mouvements respectifs. Et cela précisément au moment où se produit une disjonction entre leurs intersections primitivement communes avec la surface qui traverse toute l'Europe centrale de l'Est à l'Ouest.

D'un côté, en effet, le rejet brisé parallèle au cercle de la Nouvelle-Zemble, situé sur la rive gauche de la Toce, semble comme un ressac produit dans la surface Italienne par une résistance qu'elle aurait rencontrée.

D'un autre côté, dans le chenal compris entre ce rejet brisé et la ligne qui va du Mont Rose au Saint-Gothard, la surface Suisse semble s'être comme précipitée et y avoir produit une série de vagues, comme pour rejoindre son alignement naturel, celui de la ligne qui va du Mont Rose au Mont Blanc. Chacune de ces vagues dont la plus importante commence à la fracture même de la gorge du Simplon est, comme cette fracture elle-même, parallèle au cercle du Tatra, chacune d'elles dans son profil conserve la forme surplombante de la surface Suisse en général vers le versant Italien. Dans chacune d'elles, enfin, coule une rivière qui, comme la Doveria, suit la direction de ces vagues et se jette dans la Toce qui, elle, est parallèle au cercle de la Nouvelle-Zemble. Cependant dans son mouvement la surface Suisse semble s'être particulièrement appuyée sur la ligne qui va du Mont Rose au Saint-Gothard, c'est-à-dire, sur la génératrice qui lui est commune avec la surface Italienne, en sorte que dans chacune des vallées comprises entre les crêtes saillantes produites par les vagues dont je viens de parler, et dans le fond même de ces vallées, le long même de la ligne qui va du Mont Rose au Saint-Gothard, il s'est produit comme un remous qui a donné naissance à une petite vallée exactement orientée suivant la direction du cercle de la Nouvelle-Zemble. Et comme dans cette modification de la surface Italienne par la surface Suisse, cette dernière a dû, comme en fait cela est, conserver le pendage de la surface Italienne dans son allure générale ; on peut considérer que chacune de ces vallées, principalement dans sa partie supérieure, dans chacun des remous qui s'y sont produits, forme comme un élément de surface Italienne limité de part et d'autre et comme enclavé entre des fractures parallèles au cercle du Tatra.

Or, s'il existe dans chacune de ces vallées deux directions caractéristiques, l'une de la surface Suisse, celle du cercle du Tatra, représentant celle de la vallée principale, l'autre de la surface Italienne, celle du cercle de la Nouvelle-Zemble, représentant celle de la vallée accessoire, située au fond de la première, il doit aussi se trouver un point singulier, situé vers l'entrée de chacune d'elles, c'est-à-dire au confluent de ces deux sortes de vallées, représentant le point commun aux deux surfaces Italienne et Suisse, représentant à titre de point singulier élémentaire, le point singulier principal formé par le croisement des deux directions Tatra et Nouvelle Zemble et qui coïncide avec le Mont Rose. Comme en ce point principal, chacun de ces points a dû constituer dans ces vallées un point faible vers lequel ont dû converger les différentes fractures du sol.

Tel est bien le cas de la vallée du Zwischbergen qui, dans sa direction, est parallèle au cercle de la Nouvelle-Zemble et dans laquelle on rencontre précisément à son entrée le point singulier que nous avons signalé au commencement de cette étude Géogénique, où se croisent tous les filons, et qui représente l'intersection de la direction du cercle de la Nouvelle-Zemble avec celle du cercle du Tatra. Ce point faible se manifeste par le couloir d'avalanche où coule le torrent de Buhl, couloir dans lequel la roche s'étant trouvée comme émiettée par les nombreuses fractures qui la traversent s'est facilement désagrégée et a été entraînée.

Ce qu'il y a vraiment de remarquable, c'est que M. Gerlach après avoir indiqué sur sa carte le gisement de Gondo précisément en ce point, situé à l'extrémité du promontoire sud qui borde la vallée du Zwischbergen, a, dans chacune des vallées parallèles dont je viens de parler, indiqué d'une façon exactement analogue les gisements voisins d'Antrona et de Pestarena, voire même un autre gisement situé au pied du Mont Rose dans une sorte de vallée rudimentaire analogue à celles qui résultent d'une série de vagues produites par un mouvement de la surface Suisse pénétrant sur le versant Italien. Ce ne doit pas être par pur hasard que M. Gerlach a indiqué d'une manière semblable ces différents gisements. Il serait vraiment intéressant de vérifier sur place si telle est bien la situation des gisements d'Antrona et de Pestarena; et si chacun des points indiqués par M. Gerlach correspond à chacun des points singuliers dont, par induction géogénique, je présume ici l'existence. Si l'examen, des lieux me donne raison, j'aurai ainsi déterminé la loi Géogénique des gisements aurifères du versant Italien des Alpes.

Tout porte à croire que l'observation des faits me donnera raison, et qu'en réalité, dans chacun des gisements aurifères de la contrée, comme à Gondo, il existe un point singulier correspondant aux points e, f, g, h du diagramme ci-joint (pl. 3, fig. 1) et résultant de l'intersection de fractures orientées suivant la direction du cercle du Tatra et de fractures orientées suivant celle du cercle de la Nouvelle-Zemble.

De cette étude Géogénique, il résulte donc, que de proche en proche, partant de la conception la plus générale de la génération des surfaces terrestres, fondée sur le Réseau pentagonal, je suis arrivé à indiquer la structure d'ensemble des Alpes, celle des Alpes Pennines, puis celle de la vallée du Zwischbergen, et enfin celle d'un simple détail de cette vallée, du couloir d'avalanches dans lequel coule le torrent de Buhl. Et partant de la loi qui a présidé au façonnement des formes terrestres dans toute leur généralité, par des déductions successives tirées de cette loi, j'ai pu déterminer un indéfiniment petit de cette surface. N'est-ce pas là une confirmation remarquable de la découverte du Maître qui a bien voulu guider de ses conseils mes premiers pas dans les études Géogéniques.

En ce qui touche le gisement de Gondo considéré pour le moment, séparément des autres gisements voisins, jusqu'à vérification de leur similitude, il reste acquis de notre étude Géogénique, de même qu'il résulte bien des faits observés, que les filons orientés suivant la direction du cercle du Tatra, les filons appartenant à la surface Suisse, moins tourmentée que la surface Italienne, y sont les moins nombreux comme aussi les moins riches, qu'ils ne doivent pas s'éloigner beaucoup du confluent du Zwischbergen et de la Doveria et, en fait, ne dépassent pas le point singulier de croisement, que nous avons signalé dans le couloir de Buhl et qui avec la direction du cercle de la Nouvelle-Zemble, forme en cet endroit la limite extrême de la surface Suisse ; tandis que, d'autre part, les fractures orientées suivant la direction du cercle de la Nouvelle-Zemble, doivent, pour la raison ci-dessus, avoir pour limite, comme de fait elles ont, l'axe de la vallée du Zwischbergen, car on n'a pas signalé d'affleurements sur la rive gauche de cette rivière ; tandis qu'en somme avec celles orientées suivant la direction du cercle du Mont Viso, elles forment bien l'ensemble du second système de filons du gisement de Gondo, système que nous appellerons Italien, compris dans le promontoire angulaire qui borde à droite le Zwischbergen, et qu'ensemble formant le système des deux directions extrêmes des génératrices de la surface Italienne, appartenant ainsi, par leurs éléments géométriques, à une surface dont elles sont, par leur réunion, comme une des facettes élémentaires, à la surface Italienne. plus tourmentée, plus fracturée, plus en connexion par suite avec les phénomènes éruptifs de la contrée, elles doivent être et sont en effet, plus nombreuses et plus riches. Cette conclusion pratique vient confirmer mes présomptions Géologiques précédentes, c'est-à-dire la puissance et la profondeur du gisement de Gondo par sa connexion, en quelque sorte intime, avec les mouvements qui ont façonné les Alpes Pennines, dans leur ensemble général, comme dans leurs plus petits détails.

— Avant de clore cette étude, qu'on me permette d'ajouter encore quelques considérations générales suggérées par l'importance capitale du cercle de la Nouvelle Zemble dans la structure des Alpes Pennines, et qui y constitue une génératrice commune aux surfaces Suisse et Italienne.

N'est-on pas, en effet, en droit de se demander si la direction de ce cercle ne constitué pas pour la contrée des Alpes Pennines l'une de ces lignes de plus grande courbure de la surface terrestre, l'un de ces Méridiens Géogéniques dont Wronski réclamait la détermination pour arriver à la connaissance de la surface du Globe terrestre, et par elle à celle de la distribution de ses masses intérieures.

« Les conditions de la science de la terre, dit-il, consistent en ce que dans sa formation la surface de ce Globe subit une forme très irrégulière, de sorte que les arcs, tracés sur sa surface, sont notoirement des lignes à double courbure ; et par conséquent, ces conditions consistent en ce que ces irrégularités de la surface, étant considérées comme effet de la cause qui agit, dans leur formation, offrent les véritables éléments de la détermination de l'ensemble systématique de ce Globe, soit pour la structure ou la forme de sa surface extérieure, soit pour la répartition ou la disposition de ses masses intérieures. »

Puis établissant pour un point quelconque de la terre l'équation du plan du Méridien Astronomique et celle du Méridien Géogénique qui diffèrent généralement l'un de l'autre à cause de la nature gauche des surfaces terrestres, il constate que le Méridien Géogénique donne au point considéré de la surface de la terre la ligne de plus grande courbure de cette surface. Enfin, examinant quels sont les cas dans lesquels ces deux Méridiens Astronomique et Géogénique peuvent coïncider, il en arrive à conclure qu'il doit exister à la surface de la terre : « Une série continue de points, en quelque sorte privilégiés, qui passera par le Pôle et, par conséquent, par l'Équateur, et formera, à la surface de la terre, une espèce de ceinture, analogue au grand Cercle céleste des équinoxes. Et l'on conçoit, ajoute-t-il, que cette ceinture Géogénique, qui indiquera ainsi sur l'Équateur le point fixe du premier Méridien terrestre, subira nécessairement, par le dérangement de la structure intérieure de la terre, une précession analogue à celle des équinoxes, précession Géogénique qui, étant observée, fera connaître le mouvement ou le déplacement des masses intérieures de notre Globe. »

N'y a-t-il pas dans ces lignes un horizon grandiose vers lequel peut conduire l'étude de la génération des surfaces terrestres, fondée sur l'interprétation du Réseau pentagonal, telle que nous venons de la faire entrevoir.

Conclusion de la seconde partie.

De cette étude il faut conclure, la théorie et les faits étant absolument concordants; que les constatations Géographiques et Géologiques, trouvant leur sanction dans la théorie Géogénique, ces divers ordres d'idées se donnent un appui mutuel, une épaulement réciproque, particulièrement intéressants.

TROISIÈME PARTIE

Si de tout ce qui précède il résulte nettement que le gisement de Gondo, par sa connexion intime avec la structure générale de la contrée, constitue un véritable type Géogénique, on peut se convaincre aussi que par la disposition générale des lieux, il constitue un véritable type d'installation générale d'exploitation.

Cette troisième partie comprendra les chapitres suivants :

I. Conditions économiques de l'Exploitaiion.

II. Reprise des travaux intérieurs et détermination des points d'attaque.

III. Détermination de la situation de l'Usine.

IV. Détermination du point de dérivation de la chute d'eau.

V. Mode d'emploi de la force hydraulique et préparation mécanique des minerais.

VI. Opérations accessoires possibles en vue d'utiliser l'excès de force hydraulique.

VII. Logements des ouvriers.

I

CONDITIONS ÉCONOMIQUES DE L'EXPLOITATION

Il n'est nullement nécessaire de pousser l'exploitation du gisement de Condo jusqu'à une extraction annuelle de 12,000 et 15,000 tonnes, comme le conseillent MM. Dean et Manthès, faur ne opire une opération très fructueuse ; il suffit d'obtenir une extraction annuelle de 6,000 tonnes de minerai. En se contentant de cette extraction, on diminuera les sommes nécessaires à l'installation de l'usine et de ses accessoires, par suite on ne se trouvera pas obligé de préparer des chantiers trop étendus, afin d'en mettre l'importance en rapport avec celle des capitaux employés ; par suite aussi la préparation des chantiers étant plus rapide, l'exploitation pourra devenir rapidement fructueuse.

A première vue une somme de 250,000 francs sera suffisante pour comprendre et les dépenses de premier établissement et le fonds de roulement; et les chantiers pourront être facilement préparés pendant l'année que durera la construction de l'Usine et de ses accessoires. Si l'on admet que chaque ouvrier peut abattre environ une tonne de minerai par jour, on voit qu'il suffit de préparer les chantiers suffisants pour le travail de 20 ouvriers, puisque à raison de 300 jours par an une extraction annuelle de 6,000 tonnes correspond à une extraction journalière de 20 tonnes. Cependant on devra les développer un peu plus afin d'arriver à employer environ 30 ouvriers et suppléer par là aux vides que les neiges pourraient amener dans l'extraction, bien que le mode d'attaque que nous allons proposer puisse permettre d'exploiter, même en temps de neige.

Les chantiers pouvant être donc facilement préparés pendant l'installation de l'usine, l'exploitation deviendra fructueuse dès la mise en marche de l'Usine, ainsi que cela résulte de la teneur du minerai.

Teneur du minerai. — Si l'on examine les résultats des différentes analyses faites sur les minerais de Gondo, on voit que bien que les échantillons pris par M. Burthe aient été trop peu importants, ils n'en ont pas moins donné une teneur moyenne de plus de 31 grammes d'or à la tonne de minerai, et que ce résultat est assez concordant avec ceux des analyses qu'a fait faire M. Dean.

Les analyses qu'a fait faire M. Dean me paraissent donner les véritables résultats dont on peut déduire la richesse du minerai de Gondo. Les échantillons, en effet, ont été pris sur des points divers du gisement, les analyses ont été faites contradictoirement par deux chimistes différents, et les résultats auxquels ils sont arrivés sont concordants entre eux; de plus, M. Dean pour arriver à déterminer la teneur moyenne du minerai, a eu soin de rejeter le résultat le plus élevé, tout en conservant le plus faible et trouve encore malgré cela une moyenne de 44 grammes d'or à la tonne. On peut donc compter, comme M. Dean le pense, sur un rendement pratique de 30 grammes à la tonne de minerai.

Les premières analyses de M. Manthès n'accusent, il est vrai, qu'une teneur de 20 grammes; mais il est à remarquer encore ici qu'elles ne portent que sur une seule espèce de minerai. Même à cette teneur, l'exploitation serait fructueuse, mais en 1879 les expériences faites avec l'appareil Designoles sur 600 kilos ont donné 40 et 41 grammes d'or à la tonne, teneur semblable à celle constatée par les analyses de M. Dean.

— Prix de revient de la tonne de minerai.— J'ai dit plus haut qu'une fois les chantiers suffisamment préparés on pouvait compter sur un abatage moyen d'environ une tonne par ouvrier et par jour. Ce chiffre diffère notablement de celui indiqué par M. Burthe, mais il est donné dans un travail que j'a sous les yeux, par un des plus vieux praticiens, M. Guillemin, pour une exploitation de filons en Espagne; il concorde en outre et avec le prix du mètre cube d'abatage donné par M. Manthès et avec le prix de revient de la tonne de minerai adopté par M. Dean. Il concorde aussi avec le prix du mètre cube d'abatage adopté par M. Viera pour les filons des Pyrénées ainsi qu'avec celui que veut bien me communiquer un de mes amis qui exploite en régie un filon situé dans des terrains plus durs que ceux de Gondo.

On peut donc adopter, selon moi, le prix de revient donné par M. Manthès en ne le modifiant qu'en ce qui regarde les frais généraux, puisque l'extraction sera de 6,000 tonnes au lieu de 15,000, et cela avec d'autant plus d'assurance que je proposerai l'emploi de l'abatage mécanique que permet l'énorme force hydraulique dont on dispose à Gondo. Si ordinairement l'abatage mécanique ne donne pas d'économie sur l'abatage à la main, mais seulement une plus grande rapidité, lorsqu'il est obtenu par l'emploi coûteux de la vapeur, il y a lieu de penser qu'il donnera une économie, dans le cas présent, où la force hydraulique n'entraîne aucun frais journalier autre que l'entretien.

En somme, on peut admettre comme prix de revient de la tonne de minerai, le chiffre de 40 francs, chiffre rond.

On doit en effet adopter ce chiffre, car il faut compter ajouter aux 250,000 francs indiqués plus haut les sommes nécessaires à la préparation des chantiers pendant l'installation de l'usine, aux frais généraux de l'administration et à l'intérêt du capital pendant cette même année d'installation.

Quoi qu'il en soit, on voit qu'il existe une marge assez considérable entre le prix de revient de la tonne de minerai et sa teneur en or pour faire de l'exploitation du gisement de Gondo une opération très fructueuse, dût-on même y éprouver des mécomptes imprévus.

II

REPRISE DES TRAVAUX INTÉRIEURS
DÉTERMINATION DU POINT D'ATTAQUE

Bien que les travaux anciens aient été mal conduits, ils n'en constituent pas moins à mes yeux des travaux de recherche suffisants sans qu'il soit besoin, comme le recommande M. Burtho, de procéder à de nouvelles explorations du gisement. Comme M. Manthès et comme M. Dean, je pense d'autant plus qu'ils peuvent servir de base à une reprise des travaux, que je conseille de restreindre l'exploitation à une extraction annuelle de 6,000 tonnes. On peut d'autant plus suivre cette voie qu'on pourra, grâce à la disposition des filons par rapport à la situation naturelle de l'usine, développer une exploitation rationnelle tout en prenant pour base préalable les anciens travaux.

La reprise des travaux devra se faire immédiatement afin qu'on puisse, pendant l'installation de l'usine, accumuler un stock de minerai suffisant pour permettre dès l'origine le roulement complet de l'usine, comme aussi développer une étendue de chantiers suffisante pour continuer ce roulement.

Comme il est intéressant au début d'une exploitation de traiter des minerais riches on devra porter ses efforts, dans la reprise des travaux, sur les galeries Sainte-Catherine et Maffioli, et cela d'autant plus, que c'est vers ce point du gisement que se développera l'exploitation rationnelle qui peut en être faite. On pourra cependant reprendre en même temps les travaux en *f* sur les galeries Baglioni et Vinasque. En attendant le développement de l'exploitation rationnelle, la descente des minerais se fera comme le conseille M. Manthès, par des chemins de fer aériens qui, partant de Maffioli en *c*, auront un relai en *b* à Sainte-Catherine, joindront en *e* le flanc de la montagne qui borde la rive droite du Zwischbergen pour de là arriver à l'usine dont plus loin je déterminerai la situation. Je repousse donc, comme M. Manthès, la solution proposée par M. Dean d'établir des travers bancs fort coûteux, inutiles, et dont j'avoue même ne pas voir l'emplacement sur le terrain, ainsi que des plans inclinés pour la descente des minerais.

Ainsi comprise, la reprise des travaux se fera donc dans la partie la plus riche du gisement, au point de croisement même de tous filons, point singulier dont nous avons déterminé l'importance Géogénique, et sur lequel, par conséquent, il est intéressant au premier chef de faire des travaux préparatoires. Pendant tout le temps que durera ce mode d'exploitation et en attendant le développement de l'exploitation que j'appelle rationnelle, les ouvriers ne pourront monter et descendre chaque jour aux galeries Maffioli ou Sainte-Catherine, situées toutes deux à des altitudes élevées; ils devront donc, comme par le passé, séjourner toute la semaine dans les anciennes barraques construites déjà à cet effet à proximité, et que l'on devra réparer. Ils ne descendront comme autrefois dans la vallée que le samedi soir, pour remonter à leur travail le lundi matin.

Pendant cette reprise préalable, l'exploitation rationnelle se préparera tout naturellement. On peut remarquer, en effet, que la galerie dite du Moulin située en *a* se trouve sur le même filon que celle de Sainte-Catherine, et si je ne conseille pas de poursuivre cette galerie située un peu trop près du niveau des hautes eaux du Zwischbergen, du moins je propose d'en percer une autre un peu plus haut et un peu audessus du plateau situé en face sur la rive gauche du torrent sur lequel sera placée l'usine. Par cette galerie d'allongement, on pourra ainsi rejoindre le point où tous les filons se croisent, et tous les travaux préparatoires que l'on y aura faits.

Ainsi tracée, cette galerie servira et à l'écoulement des eaux de toute cette partie la plus riche du Gisement et au service de son extraction. On pourra, en effet, centraliser vers le point de croisement la descente des minerais de tous les filons qui s'y rencontrent, et alors penser, au fur et à mesure de l'exploitation, à installer des plans inclinés intérieurs qui, en même temps, serviront à la descente du minerai et au transport des ouvriers, qui rentreront ainsi chaque soir chez eux.

III

DÉTERMINATION DE LA SITUATION DE L'USINE

Un peu avant le confluent du torrent de Buhl et du Zwischbergen, ce dernier fait un coude et il est facile de voir sur la carte que le terrain forme en cet endroit comme deux petits plateaux successifs, l'un supérieur, l'autre situé sur le bord même du Zwischbergen.

On pourrait à la rigueur placer l'usine sur le plateau inférieur, c'est-à-dire sur le bord même du ruisseau, il offre assez de surface pour cela et la présence d'arbres trop chétifs pour résister au courant, même à l'étiage, indique suffisamment que son niveau est supérieur à celui des hautes eaux. Cependant, vu le plus grand développement du plateau supérieur sur lequel se trouve déjà une ancienne maison de direction qui peut être réparée à peu de frais, 2,000 francs environ, et d'où la surveillance sera facile, je propose de placer l'usine sur ce plateau supérieur, au point *g*, tout en installant la turbine motrice sur le plateau inférieur, afin d'utiliser le maximum de la chute que l'on peut dériver du Zwischbergen.

On voit qu'ainsi placée, l'usine se trouvera presque en face de la galerie d'allongement qui doit aller retrouver le croisement général des filons. Les minerais traverseront le torrent par un chemin de fer aérien et arriveront directement à l'atelier de broyage, de même qu'ils y arriveront, tout naturellement, de cette manière pendant l'exploitation préalable. Elle sera aussi placée à portée des galeries Baglioni et Vinasque, situées vers le point *f* qui appartiennent à un filon qui affleure avant sa rencontre avec la galerie d'allongement, qui sera tracée au-dessus de l'ancienne galerie du Moulin.

Cette situation de l'usine que permet le terrain est donc en quelque sorte une situation véritablement théorique pour l'exploitation préalable et pour l'exploitation définitive, par la galerie d'allongement.

IV

DÉTERMINATION DU POINT DE DÉRIVATION DE LA CHUTE D'EAU

Les anciens exploitants avaient placé leurs moulins de pulvérisation et d'amalgamation sur la rive droite du Zwischbergen, tandis que le reste de l'établissement, maison de direction, usine de distillation des amalgames et fonderie de cuivre se trouvaient sur la rive droite. Ils avaient donc été amenés à faire sur la rive droite, dont le profil escarpé se prête peu à cette opération, une dérivation d'ailleurs insignifiante et assez mal placée. Sur la rive gauche, pour actionner la trompe de soufflerie de la fonderie de cuivre qui, soit dit en passant, à en juger par le faible tas de scories qu'elle a laissé, n'a pas dû fonctionner longtemps, ils avaient fait une autre dérivation, mieux faite que la première, le profil de cette rive se prêtant aisément au tracé d'un canal. Cependant cette dérivation avait été faite en *r* en un point du torrent où son lit forme une retenue naturelle, grâce à un seuil naturel formé par des rochers qui traversent le lit du torrent perpendiculairement à son axe ; et par suite du développement assez grand en longueur de ce seuil et de sa disposition perpendiculaire à l'axe du torrent, il s'est trouvé que le seuil artificiel fondé sur le seuil naturel pour obtenir la dérivation et relever le plan d'eau, était constamment enlevé par les eaux.

Ce ne serait donc pas en ce point que je proposerais de faire la dérivation ; d'autant plus, qu'immédiatement au-desssus de cette retenue naturelle, en *n*, se trouve un second seuil naturel situé entre deux rochers, qui resserrent le lit du torrent, disposé de biais par rapport à son courant, et de telle façon qu'il se trouve avoir la même direction que celle que devra avoir le flanc droit du canal de dérivation, dont il serait ainsi l'amorce, tandis que le flanc gauche serait obtenu en faisant sauter un rocher peu important. La disposition biaise de ce seuil naturel par rapport au courant faisant que ce courant passe vers l'angle aigu qu'il fait avec la rive droite et se porte surtout sur les rochers de cette rive, sur lesquels il vient se briser, le seuil artificiel que l'on assoierait sur lui n'aurait pas à supporter tout l'effort du courant et ne serait plus enlevé par les grandes eaux comme l'ancien.

Du point *n* on tracerait donc un canal sur le flanc de la rive gauche du Zwischbergen suivant la ligne indiquée sur la carte, jusqu'au point *s* d'où, par un canal en bois porté sur une estacade, on conduirait l'eau au-dessus de la turbine. On pourrait ainsi obtenir sur la turbine une chute d'eau que j'ai mesurée être de 30 mètres environ avec un volume que j'ai pu jauger être d'environ 700 litres à la seconde aux plus basses eaux.

Je me suis trouvé en effet à Gondo au mois d'octobre, et bien que dans les Alpes les plus basses eaux coïncident d'ordinaire avec l'hiver, c'est-à-dire à l'époque où le froid retient les eaux dans les parties supérieures du sol; cependant comme à Gondo on se trouve sur le versant italien, sur lequel la neige ne tient pour ainsi dire que rarement, on peut considérer, et c'est l'avis des gens du pays, que l'étiage des eaux y coïncide avec le mois d'octobre.

Or, grâce à ces basses eaux, j'ai pu trouver sur le parcours du Zwischbergen un chenal suffisamment long pour pouvoir y mesurer une base assez étendue pour faire une observation très approximative do la vitesse du courant; et j'ai pu constater qu'avec une section offrant environ 0,90 mètre carré, la vitesse superficielle du courant était très approximativement de 1 mètre en seconde, soit 0,80 comme vitesse moyenne.

On voit donc que l'on peut disposer d'une force hydraulique qui se chiffre par près de 300 chevaux aux plus basses eaux.

C'est cette énorme force hydraulique qui place l'exploitation du gisement de Gondo dans des conditions particulièrement économiques puisqu'elle permet de substituer la force mécanique au travail manuel sans avoir à la ménager.

V

MODE D'EMPLOI DE LA FORCE HYDRAULIQUE. — PRÉPARATION MÉCANIQUE DU MINERAI

Bien que la force hydraulique dont on dispose soit de beaucoup supérieure à celle nécessaire pour le traitement de 6.000 tonnes de minerai par an et même du double, néanmoins comme une force hydraulique constitue une véritable valeur immobilière, je conseillerai de faire le canal de dérivation comme la turbine, mode de moteur tout indiqué ici par la hauteur de chute, en vue de l'utilisation la plus large possible de cette force, quitte à ne l'employer qu'en partie jusqu'à nouvel ordre. Ce qui sera obtenu en divisant le volume d'eau entre deux turbines, par exemple, et en même temps assurera l'exploitation contre tout arrêt par suite d'avarie du moteur.

Puisque l'on a disponible une force aussi considérable il n'y a pas à hésiter à l'employer, soit à comprimer de l'air afin d'actionner des perforatrices pour abaisser ainsi le coût de l'abatage, et opérer les traînages intérieurs au moyen de treuils à air comprimé, lorsque sera développée l'exploitation définitive, soit à développer de l'électricité et transmettre au front de taille la force nécessaire pour actionner des perforatrices mues par l'électricité, système de M. Siemens, ainsi que les appareils propres au traînage intérieur. Le choix de l'un ou l'autre de ces systèmes sera déterminé lors de l'étude définitive de l'installation, suivant que l'un ou l'autre sera plus ou moins coûteux, de premier établissement.

Quant à la préparation mécanique du minerai, je conseillerai de procéder tout d'abord à un broyage progressif obtenu dans deux types d'appareils distincts.

Je commencerais par opérer un concassage du minerai dans un appareil tel que le broyeur Chapitel, par exemple. Ces appareils préparatoires pouvant au besoin être utilisés au broyage de roches stériles, que l'exploitation peut amener à abattre. Dans un deuxième appareil, qui serait alors un appareil de pulvérisation, on amènerait le minerai à l'état pulvérulent nécessaire pour procéder à l'amalgamation.

Après pulvérisation je serais d'avis d'essayer d'enrichir le minerai par un courant d'air agissant par aspiration, dans un appareil analogue aux appareils dont on se sert en Hongrie pour le classement des gruaux, par catégories de densités différentes. Par la pulvérisation, chaque molécule des divers minéraux contenus dans le minerai, pouvant être considérée comme de volume constant, recevra du courant d'air aspirateur une impulsion en raison inverse de sa densité, et on pourra ainsi non seulement éliminer la majeure partie de la gangue de Quartz, avant de procéder à l'amalgamation, mais encore obtenir une séparation utile des autres minéraux métalliques contenus dans le minerai. On pourra ainsi séparer la blende de la Pyrite de cuivre et la rejeter définitivement si elle est reconnue ne contenir ni or, ni argent, pour ne conserver que les minéraux contenant l'un ou l'autre de ces métaux précieux et ne faire passer en somme à l'amalgamation que ceux contenant l'or. On arrivera alors à simplifier notablement l'opération de l'amalgamation, qui deviendra une véritable opération de laboratoire et en aura toute la précision, n'ayant plus à opérer que sur des masses de matière très restreintes. Afin d'assurer l'égalité complète de volume de toutes les molécules, peut-être sera-t-il bon de faire précéder le classement par densité sous l'influence d'un courant d'air aspirateur, d'un blutage ou d'un sassage analogue encore au procédé appliqué en Hongrie sur les gruaux, afin d'assurer leur identité de volume.

Grâce à l'état pulvérulent du minerai, il ne sera pas nécessaire de produire un courant d'air trop puissant, et d'ailleurs on sait que la plus ou moins grande dépense de force ne doit nous préoccuper en aucune façon ; il semble en outre qu'en procédant ainsi on pourra certainement trouver entre une molécule de quartz et une molécule métallique quelconque une différence de densité au moins égale à celle qui existe entre un gruau blanc et un gruau bis, entre celui provenant de l'amande amidonneuse du grain de blé, et celui provenant de sa périphérie.

Ce qu'il y aurait à craindre dans un semblable enrichissement préalable à l'amalgamation, ce serait que l'or fût trop intimement mélangé au quartz et que malgré l'état pulvérulent de ce dernier, on ne fût amené à perdre une certaine quantité d'or. En ce cas on en serait quitte pour mettre de côté les appareils d'aspiration et de classement, appareils peu coûteux, et en revenir à amalgamer tout le minerai brut, pour l'enrichir ensuite par un lavage ordinaire, afin d'obtenir sous un volume restreint la partie du minerai qui contient le cuivre et l'argent, et en tirer parti comme je le dirai tout à l'heure.

Quant à l'amalgamation, tous les essais faits sur le minerai de Gondo, établissant que l'or s'y trouve à l'état natif et non à l'état de sulfure, ce qui n'a pas lieu pour l'argent, puisqu'il ne s'amalgame pas, on n'a donc pas besoin de procéder à un grillage préalable de la pyrite. Je n'hésite pas à conseiller l'emploi du procédé Dessignolle, à cause de la simplicité des appareils qui y sont employés et surtout à cause de sa précision chimique, qui sera d'autant plus précieuse que l'on aura pu procéder à un enrichissement préalable. Non seulement cet enrichissement préalable donnera à l'amalgamation une précision analogue à celle d'une opération de laboratoire, mais encore il est évident que la déperdition mercurielle en sera certainement diminuée.

VI

OPÉRATIONS ACCESSOIRES

— M. Manthès conseille de procéder après amalgamation à un enrichissement par lavage du minerai afin de faire sur place une fonte pour matte cuivreuse que l'on vendrait aux usines qui font la séparation du cuivre et de l'argent, et tirer ainsi partie de la teneur en argent encore assez sensible du minerai de Gondo. Cette teneur est, on le sait, d'environ 100 grammes à la tonne de minerai brut.

A mon avis, une fonte pour matte cuivreuse n'est pas praticable à Gondo, car je ne vois pas dans le rayon de transport que rend possible la nature accidentée du pays, de réserves forestières suffisantes pour alimenter une fonderie. Tout au plus le pays peut-il fournir le bois nécessaire au boisage intérieur de la mine ; quant au coke de charbon de terre, il est évident qu'il n'y faut pas penser à cause des frais de transport.

On ne peut donc penser à tirer parti de la teneur en argent du minerai de Gondo que par un enrichissement soit préalable, soit postérieur à l'amalgamation, et qui soit telque ce minerai puisse être vendu à l'état pulvérulent aux usines qui font la séparation du cuivre et de l'argent.

— On peut se demander aussi si pour utiliser le surcroît de force dont on y dispose, il n'y aurait pas lieu d'organiser un broyage accessoire de la roche de gneiss encaissante, en vue de fournir le macadam nécessaire à l'entretien de la route du Simplon. Ce macadam serait conduit par une petite et courte voie ferrée jusqu'à la chute du Zwischbergen et de là par un couloir en bois, sur la route même du Simplon.

— Une scierie mécanique pour débiter les mélèzes et sapins que l'on exploite dans les environs, autant que le permettent les avalanches qui entraîneraient les terres si elles n'étaient retenues, pourrait aussi être adjointe à l'usine; en tout cas une scie circulaire sera utile pour débiter le bois destiné aux boisages intérieurs qui, heureusement, ne sont nécessaires que dans de rares endroits.

VII

LOGEMENTS DES OUVRIERS

Il me reste, pour terminer, à traiter la question du logement des ouvriers, question qui a son importance dans un pays aussi retiré que l'est la vallée du Zwischbergen.

Si, en effet, on n'y retient pas les ouvriers en y établissant leurs familles, quand bien même ils passeraient la semaine dans les baraques situées dans la montagne près des galeries, il est à craindre que descendant le samedi de leur travail, ils n'aillent passer le dimanche soit au village de Simplon, soit à Iselle, où seulement leurs familles pourraient être installées si elles ne l'étaient dans la vallée même, et ne reviennent pas très exactement le lundi à leur travail.

Le peu de développement en surface plane qu'offre le terrain ne permet pas de réunir les ouvriers dans une sorte de grande caserne ; étant donnés d'ailleurs les vents violents qui soufflent dans le pays, de trop grands développements de surfaces de toiture pourraient avoir des inconvénients. On construira donc, à mon avis, de petits chalets disséminés le long des éboulis, situés sur la rive gauche du Zwischbergen, auxquels ils seront adossés, à peu de distance de l'usine. Ces chalets devront être calqués sur ceux du pays et composés comme eux d'une pièce principale à rez-de-chaussée précédée d'un couloir servant de cuisine, d'une seconde pièce au-dessus avec un couloir correspondant à celui du rez-de-chaussée. Le toit sera prolongé sur les éboulis de manière à former une étable dans laquelle chaque famille pourra avoir quelques chèvres et quelques moutons qui trouveront facilement leur nourriture dans la vague pâture des environs et dans le peu de fourrage que l'on peut récolter le long des éboulis. Le produit de ces animaux améliorerait le bien-être des ouvriers.

Au point de vue de l'hygiène, on aura bien soin de copier exactement la disposition des chalets du pays en ce qui touche le chauffage, et de disposer les poêles de façon que le chargement s'en fasse par le couloir d'entrée et non par la pièce même qui est chauffée. Il est curieux de voir qu'à ce point de vue du chauffage, le plus pauvre chalet des Alpes est disposé d'une façon plus hygiénique que les logements d'ouvriers de Paris.

Conclusions de la troisième partie.

Les conclusions de cette troisième partie sont en même temps les conclusions générales et pratiques de toute cette étude.

1° Comme je l'ai dit, la reprise des travaux peut se faire

immédiatement par amélioration et extension des travaux anciens et préparation de chantiers nécessaires à l'alimentation de l'usine, sans qu'il soit utile de recourir à des recherches nouvelles et à des travers-bancs très coûteux.

2° 14 grammes d'or étant suffisants pour assurer les frais d'exploitation, d'administration, etc., on se trouve assuré d'une exploitation très fructueuse ;

3° Les conditions particulières des lieux permettent d'organiser à Gondo à peu de frais une installation typique pouvant donner un maximum de rendement joint à un maximum d'économies.

Le Vésinet, 24 décembre 1881.

G. PETAU DE MAULETTE.

PARIS. — IMPRIMERIE CHAIX, 20, RUE BERGÈRE. — 664-2.

www.ingramcontent.com/pod-product-compliance
Lightning Source LLC
LaVergne TN
LVHW020041170826
845678LV00001B/369

* 9 7 8 2 3 2 9 6 9 4 1 3 9 *